MAKE UP IDEA

MAKE UP IDEA

이윤정 · 정원정 · 강명주

CHUNG-KU Publisher

머리말

우리는 지금 세계화 속에서 수많은 정보를 공유하며 다문화적 감성과 개성적 라이프 스타일의 삶을 영위하고 있다. 이러한 사회 문화적 배경에서 영상 · 문화 산업의 발전이 지속되면서 이와 함께 메이크업의 범위도 다양화 전문화 되고 있으며 일반 대중들의 메이크업에 대한 관심과 지식도 커지고 있다.

이제 메이크업 분야는 기본적으로 미를 추구하는 메이크업의 범위에 한정되지 않고, 인체를 바탕으로 다양하면서 새로운 캐릭터를 창조하는 예술적인 분야까지 확대되어 메이크업의 범위와 종류, 대상이 계속 확장되고 있는 추세이다.

본 저서는 메이크업을 공부하는 학생이나 관심있는 일반인, 산업체에서 메이크업 분야의 일을 하시는 분들이 뷰티 · 영상 메이크업의 기본 이론과 실기에 대한 이해와 지식을 손쉽게 얻을 수 있도록 메이크업 이론에 관한 공통적 기준을 체계적으로 정리하고 최근 경향의 화보자료들과 함께 구성하여 메이크업의 올바른 기본력과 창의적 감성 능력을 지닐 수 있도록 제작하였다.

메이크업은 미적 욕구를 충족시키는 수단으로서 바디를 캔버스화하여 내면적 가치를 외면의 이미지로 표현하는 시각예술의 한 분야로 자리 잡아가고 있으며, 산업적 부가가치와 학문적 위상도 지속적으로 상승하고 있는 분야이므로 앞으로도 많은 발전을 위해 부단한 노력을 기울여야 할 것이다.

이 책을 출판하기까지 바쁜 일정들 속에서의 작업이었으나 열정과 책임감으로 최선을 다하였으며 마감후에는 아쉬움이 남지만 추후 미흡한 점은 계속 보충하고자 한다.

본 저서가 나오기까지 많은 도움을 주신 청구문화사 이상태 사장님과 편집부 여러분들의 노고에 진심으로 감사드린다.

2009년 정월

저자 일동

목 차

Ⅰ. 메이크업의 이해 ········ 7

1. 메이크업의 정의 … 8
2. 메이크업의 목적 … 9
3. 메이크업의 기원 … 9

Ⅱ. 메이크업의 역사 ········ 13

1. 우리나라 … 14
   1) 고조선시대의 미용 / 14
   2) 삼국시대 / 15
   3) 고려시대 / 17
   4) 조선시대 / 18
   5) 개화기 / 20
   6) 현 대 / 21
2. 서 양 … 22
   1) 고대 이집트 시대 / 22
   2) 고대 그리스 · 로마 시대 / 25
   3) 르네상스 시대 / 27
   4) 바로크 시대 / 29
   5) 로코코 시대 / 31
   6) 19세기 / 32
   7) 1900년대 / 34
   8) 1910년대 / 36
   9) 1920년대 / 38
   10) 1930년대 / 40
   11) 1940년대 / 42
   12) 1950년대 / 44
   13) 1960년대 / 46
   14) 1970년대 / 48
   15) 1980년대 / 50
   16) 1990년대 / 52
   17) 2000년대 / 54

III. **메이크업 도구와 역할** 55

1. 메이크업 브러쉬 … 56
2. 기타 메이크업 도구 … 58

IV. **메이크업의 기본요소** 61

1. 메이크업의 자세 … 62
2. 골격과 페이스 프로포션 … 62
3. 색 채 … 66
4. 명 암 … 79
5. 질 감 … 82
6. 얼굴형별 보정 메이크업 … 86

V. **기초 메이크업** 89

1. 베이스 메이크업 … 90

1) 메이크업 베이스 / 90
2) 파운데이션 / 91
3) 페이스 파우더 / 93

2. 아이 메이크업 … 94

1) 아이 브로우 메이크업 / 94
2) 아이섀도우 메이크업 / 100
3) 아이라인 메이크업 / 106
4) 마스카라 메이크업 / 108
5) 인조 속눈썹 / 109

3. 노우즈 메이크업 … 110

1) 코 메이크업의 기본 테크닉 / 110

4. 립 메이크업 … 111

1) 립 메이크업의 기능 / 111
2) 제품의 종류 / 111
3) 선택조건 / 111
4) 피부색과 조화되는 립컬러 / 111
5) 입술 화장시 유의사항 / 111
6) 립라인에 따른 이미지 / 112
7) 입술형태에 따른 수정 테크닉 / 114

5. 치크 메이크업 … 115

1) 치크 메이크업의 기능 / 115
2) 치크 메이크업 제품의 종류 / 115
3) 치크 메이크업의 색상 선택 / 115
4) 치크 메이크업의 기본 위치 / 116
5) 치크 메이크업의 방법 / 116
6) 바르는 범위에 따른 테크닉 / 116
7) 얼굴형에 따른 블러셔 / 116
8) 이미지에 따른 블러셔 위치 / 117

6. 얼굴형별 메이크업 적용 … 118

1) 계란형 / 118
2) 긴형 / 118
3) 둥근형 / 118
4) 역삼각형 / 118
5) 사각형 / 118
6) 다이아몬드형 / 118

VI. **테마 메이크업** **121**

1. 내추럴 메이크업 … 122
2. 파티 메이크업 … 126
3. 웨딩 메이크업 … 130
4. 한복 메이크업 … 140
5. 질감표현 메이크업 … 142
6. 패션 이미지 메이크업 … 144

1) 로맨틱 룩 메이크업 / 146
2) 엘레강스 룩 메이크업 / 148
3) 매니쉬 룩 메이크업 / 150
4) 클래식 룩 메이크업 / 152
5) 아방가르드 룩 메이크업 / 154
6) 에스닉 룩 메이크업 / 156
7) 모던 룩 메이크업 / 158
8) 스포티 룩 메이크업 / 160

VII. **미디어 메이크업** **163**

1. 광고 메이크업 … 164
2. 패션쇼 메이크업 … 167
3. 드라마 메이크업 … 168
4. 영화 메이크업 … 169
5. 포토 메이크업 … 172

참고문헌 · 174
찾아보기 · 175

I

메이크업(Make-up)의 이해

E UP IDEA MAKE UP IDEA MAKE UP IDEA MAKE UP IDEA MAKE UP IDEA MAKE UP IDEA MAKE UP IDEA MAKE UP IDEA MAKE UP IDEA MAKE UP

I

메이크업(Make-up)의 이해

1. 메이크업의 정의

일반적으로 메이크업(make-up)의 사전적 의미로는 '만들다', '조합하다', '조립', '구성', '화장', '분장'이라는 뜻으로서 화장품이나 도구를 사용하여 색채, 형태, 재질의 요소를 표현함으로써 신체의 아름다운 부분은 더욱 돋보이도록 하여 이미지 업(image up) 시키고 , 약점이나 추한 부분은 수정하거나 보완하는 시각 예술이며 미적 가치를 추구하는 행위의 의미를 가진다고 할 수 있다.

참고로 '화장품'이라는 뜻의 cosmetics는 그리이스어의 kosmetikos에서 파생되었고 kosmetikos는 kosmos에서 유래되었다. 영어 cosmos는 단순히 '우주'라는 뜻이지만 그리이스어 kosmos는 'the order of universe'(우주의 명령)라는 의미를 지니고 있다. 따라서 kosmetikos는 kosmos(우주)의 명령을 받아 아름다운 것(여자)을 더욱 아름답게 가꾸어 보기 좋게 하는 기술을 의미하는 것이다.

우리나라에서는 화장, 몸치장까지 포함하여 '단장'으로 통용되며, 영어로는 메이크업(make-up), 페인팅(painting), 토일렛(toilet), 불어로는 마뀌아쥬(maquillage) 등으로 표현한다.

메이크업(make-up)이라는 용어가 최초로 사용된 것은 17세기초 영국의 시인 리차드 크라슈(Richard Crashou)가 처음 사용하였다. 페인팅(painting)이라는 용어는 셰익스피어(Shakespeare)의 희곡에서 처음 등장하였는데 이는 16세기에 이탈리아에서 전래된 짙은 화장으로서 16~17세기를 통하여 연백을 원료로 만든 분을 페인트(paint)라 불렀고, 후에 백납분에 색상과 향료를 섞어 만든 다채로운 안료로 얼굴에 칠하는 것을 페인팅(painting)이라 하였다.

토일렛(toilet)은 뜨왈렛뜨(toilette)가 1540년경 영국에 전해지면서 변화된 말로서, 목욕, 머리를 매만지는 일까지 포함한 화장, 몸단장을 의미한다.

오늘날 메이크업은 매스 미디어에 의한 영상·공연 문화의 발달로 인해 단순히 아름다운 얼굴로 가꾸기 위한 수단으로서의 개념뿐만이 아니라 테마나 목적에 맞는 캐릭터를 표출하고 이미지 변화를 표현하기 위한 시각 언어로서의 기능을 수행하고 있으며, 개인적으로는 내적인 아름다움과 개성미를 창출하여 자신의 정체성을 외적으로 표현하고 신체 이미지를 변화시키는 수단으로 인식되어지고 있다.

그러므로 메이크업 아티스트는 단순히 얼굴을 아름답게 하는 역할뿐만이 아니라 시대의 이상미를 창조하고 그 시대의 문화를 반영하여 내적 의미와 외적형태로서 인물을 재창조하고 인체를 디자인하는 예술인으로서의 역할을 수행하고 있다.

2. 메이크업의 목적

'미적 욕구'는 인간의 본능적 욕구로서 아름다움을 표현하여 장점을 더욱 강조하고 결점을 보완하여 개성적 표현을 하는 것이 메이크업의 목적이다. 또한 메이크업은 사회적으로 예의와 신분, 직업의 표현이자 무언의 시각 언어로서 의사전달을 하며, 심리적으로는 인물의 캐릭터나 가치관, 정신적인 면을 반영하여 표현하는데 메이크업의 목적이 있다.

3. 메이크업의 기원

메이크업의 기원은 일반적으로 생각하는 것보다 매우 오래되었으며, 여러 가지 설이 있으나 장식설, 이성유인설, 보호설, 신분표시설, 종교설 등으로 설명된다.

1) 장식설

인간은 본능적으로 아름답고 우월해보이려는 생태적 욕구를 가지고 있다. 그래서 원시시대부터 나체에 자연에서 얻은 염료로 꽃이나 동물 문양 등을 문신화하여 피부에 남김으로써 오늘날 메이크업의 시초였다고 추정하며, 인간은 신체의 아름다운 부분은 과시하며 돋보이도록 하고 약점은 수정이나 위장하여 타인에게 아름답게 보이도록 표현하였다.

또한 원시시대 전투에서 승리한 투사가 부족에게로 돌아갔을 때 신체에 남아있는 상처와 얼룩진 피가 강인한 용맹과 존경의 상징이 되었으므로 이후 지도자들은 자연스럽게 표식이나 장식을 계속하려는 욕망이 나타나 다양한 색의 진흙, 깃털, 나뭇잎 등으로 장식하여 정복자의 강인함을 표시하였다.

2) 이성유인설

인간은 예로부터 이성에게 매력적으로 보이기 위한 욕구를 지니고 있으므로 이를 표출하는 수단으로 얼굴이나 신체를 가꾸는 행위를 하였다고 보는 설이다.

시대에 따른 이상미의 미적 기준이 다르지만 그 시대의 이성에게 아름답게 보이고 관심을 끌기 위한 도구로서 문신, 화장, 장신구 착용 등으로 몸치장을 하였다.

3) 보호설

원시시대부터 인간은 자기 자신을 위험이나 위해요소로부터 보호하기 위해 위장이나 은폐를 위한 치장을 한 것이 미화 수단으로 발전했다고 본다.

광물성 원료인 말라카이트를 이용한 고대 이집트의 짙은 눈화장은 태양빛, 곤충들로부터 눈을 보호하기 위한 것이었다. 또한 몸의 문신(tattooing)과 상흔(scarring)은 적에게 공포감을 주고 악마로부터 심리적 정신적으로 자신을 보호하기 위해 행하여진 것이 장식적인 요소로 발전하였다.

4) 신분표시설

신분표시설은 집단안에서 한 개인의 지위, 계급, 성별, 직업, 기혼과 미혼 등을 구분하는 표시로서 메이크업이 시작되었다고 보는 견해이다.

아프리카 부족들 사이에서 행해지는 문신, 코걸이, 특이한 헤어장식이나 목걸이, 팔찌, 식물성 색소에서 얻은 염료로 칠한 바디 페인팅 등은 절대적 권력의 족장 신분을 표시하거나 구성원들의 계급 표시, 각 종족들 간의 구분을 위한 표시로서 사용되었다.

5) 종교설

종교설은 주술적 · 종교적 의미에서 의복이나 신체를 장식하여 잡귀나 악마를 물리치고 자신과 부족의 심리적 보호와 안녕을 추구하는 행위에 기인한다고 본다.

역사상의 시초인 고대 이집트의 종교의식에서 향과 채색을 하고 신을 숭배하는 의식을 행한 것이나 4대 문명의 발상지 등 세계의 각 민족들이 특색있는 메이크업을 하고 종교의식에 참여한 것은 종교와 연관하여 메이크업의 신성함과 중요도를 여실히 보여주는 것이다.

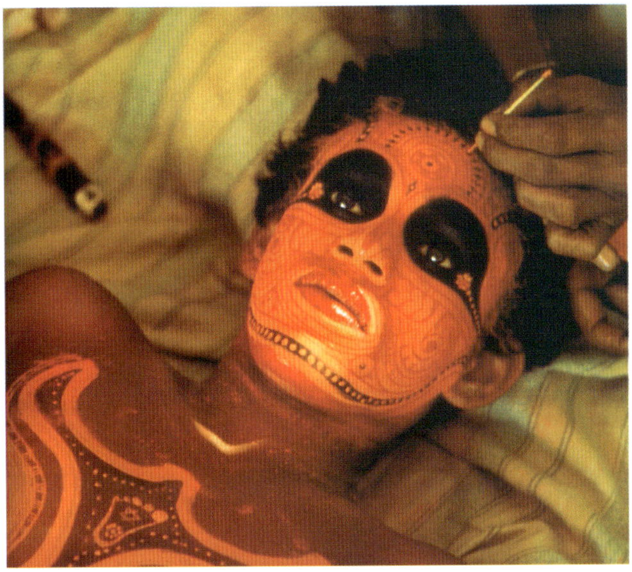

MAKE UP IDEA MAKE UP IDEA MAKE UP IDEA MAKE UP IDEA MAKE UP IDEA MAKE UP IDEA MAKE UP IDEA MAKE UP IDEA MAKE UP IDEA MAK

Ⅱ

메이크업의 역사

E UP IDEA MAKE UP IDEA MAKE UP IDEA MAKE UP IDEA MAKE UP IDEA MAKE UP IDEA MAKE UP IDEA MAKE UP IDEA MAKE UP IDEA MAKE UP

II

메이크업의 역사

1. 우리나라

미욕(美欲)은 식욕, 성욕과 아울러 인간의 3대 본능으로 화장의 기원은 인류의 역사와 더불어 시작되었다. 또한 주술적·종교적 욕구 충족, 성별·사회적 지위의 표시, 신체 보호 등의 목적을 위해 화장을 행하였다.

화장은 꾸밈의 정도에 따라 사용하는 어휘를 달리하였으며 다음과 같다.

- 담장 : 피부를 희고 깨끗하게 가다듬는 정도의 담박한 멋내기로서 기초화장만 한 단아한 경우가 이에 해당함.
- 농장 : 담장보다 짙은 상태의 멋내기로서 색채화장을 한 경우와 비슷하다.
- 염장 : 짙은 색채화장이되, 요염한 색태(色態)를 표현한 경우를 일컫는다.
- 응장 : 농장과 유사하나 장신구와 옷치장을 겸해 또렷하게 꾸민 신부화장이 이에 해당한다.
- 야용 : 억지로 아름답게 꾸민다는 분장의 의미를 내포한다. 본래의 아름다움을 바탕으로 더 아름답게 꾸미는 것이 아닌 박색을 미인으로 치장한다든가, 노인을 젊은이처럼 몰라 보게 치장하는 따위를 가리킨다.

1) 고조선시대(古朝鮮時代)

단군신화에 의하면 환웅이 곰과 호랑이에게 백일동안 햇빛을 보지 않고 쑥, 마늘을 먹게 하였다. 이는 우리나라가 백의 민족으로서 흰 피부의 소유자를 귀인으로 생각하였으므로 미백 효과를 얻을 수 있는 쑥과 마늘을 언급하여 희고 고운 피부를 가꿀 것을 권장한 것이다.

또한 한반도의 동북방 '읍루' 인들은 돈고(豚膏)를 발라 추위에서 피부를 보호하고 동상, 터짐, 눈 그을림의 예방을 하였고 말갈인들은 미백효과를 위해 오줌으로 세수를 하였다.

장신구는 조개, 짐승의 뼈, 옥 등으로 만든 장신구를 사용하였는데 비녀, 거울, 빗, 귀고리, 가락지, 팔찌 등 특히 낙랑의 유물이 다양하였다.

채화칠협, 정돈된 머리, 넓은 이마는 머리카락을 뽑은 것으로 추측됨

2) 삼국시대(三國時代)

불교의 전래로 향이 보급되고 목욕이 대중화되었는데 목욕은 신체의 더러움을 씻는 단순한 청결 행위가 아니라 마음의 죄악을 씻는 신성한 의식 수단으로 인식하였다.

(1) 고구려(高句麗, B.C 37~A.D 668)

고구려는 중국, 아라비아, 인도와 가까워 이 지역의 화장술을 쉽게 받아들여서 삼국 중 화장술이 가장 화려하였다.

고구려의 수산리 고분벽화나 쌍영총 고분벽화 여인상에는 눈썹이 짧고 뭉툭하며 뺨과 입술에는 연지를 바른 화장형태가 보여졌다.

예로부터 여자의 눈썹이 둥글고 뭉툭하게 휘어지는 형을 선호하여 검은색 안료인 미묵과 족집게로 눈썹화장을 하였다.

연지는 입술과 볼에 붉게 칠하는 화장이며 이마에 동그랗게 칠하는 것을 '곤지'라고 하지만 곤지도 광의의 범위로는 연지에 속한다. BC 1150년에 중국 은나라 주왕 때 최초로 사용한 기록이 있다.

연지의 재료로는 신라는 홍화, 고구려는 주사를 사용하였고, 홍화는 꽃잎에서 붉은 즙의 홍색소를 분리하여 환약처럼 만들어 두었다가 기름에 개어바르는데 홍화 연지는 주사 연지보다 사용이 불편한 단점이 있고, 고구려의 주사는 색깔이 홍화 연지보다 선명하지만 단독의 부작용이 우려되었다.

여인의 두발 형태는 얹은 머리, 쪽머리, 푼기명머리, 중발머리가 나타났다.

고구려 쌍영총 고분벽화, 여관이나 시녀의 연지화장

고구려 수산리 고분벽화, 뺨과 입술에 연지화장을 한 귀부인

(2) 백제(百濟, B.C 18~A.D 660)

백제는 평야지대에 일찌기 정착하여 축적한 경제적인 부를 바탕으로 높은 수준의 문화를 창조하였다.

일본의 옛 문헌에 따르면 일본인들이 백제로부터 화장품 제조기술과 화장 기술을 익혀 비로소 화장했다고 기록되어 있는 것으로 보아 백제의 화장 기술과 화장품 제조기술이 매우 높은 수준이었음을 짐작할 수 있다.

중국 문헌에서는 백제인의 화장이 '분'은 바르되 연지는 바르지 않은 엷고 은은한 화장이었다고 기록하고 있는데 이것은 색조화장이 아닌 맑고 흰 피부를 중요시한 담백한 화장을 선호하였음을 입증한다고 볼 수 있다.

토기합, 백제시대, 5~6세기 화장용 백분 용기로 추측

(3) 신라(新羅, B.C 57~A.D 668)

신라는 흥덕왕 시기 '복식금제'를 내릴 정도로 화려한 문물과 문화가 나타났으며, 불교의 전래와 영육일치 사상으로 인해 목욕재계를 중시하고 화장은 눈썹을 두드러지지 않게 하며 머리를 곱게 빗고 분을 바르는 엷은 화장을 하였다. 분화장은 예로부터 흰 피부를 선호하여 살갗이 희어 보이는 효과를 주므로 백분의 사용이 대중화되었다.

통일 신라 이후 화장이 더욱 발전하였는데 서기 692년 신라의 한 승려가 일본에 건너가 연분(백분에 납을 화학 처리한 것으로 부착력이 좋아 잘 펴 발라짐) 제조술을 가르쳐 주었다는 기록으로 보아 그 이전에 이미 연분의 제조가 보편화되었을 것이며 그 당시 우리의 우수한 화장품 제조 기술을 알 수 있다.

분은 기원 전 2200년경 중국 하(夏)나라에서 처음 사용한 기록이 있다. 종류에는 백분, 색분이 있으며 형태에 따라 분말, 고형, 액상이 있다. 자연재료로서 쌀가루, 분꽃씨, 조개껍질, 활석, 백토 등을 섞어서 사용하였다. 색분을 만들어 쓰기도 했는데 색분의 색소는 백합꽃의 붉은 꽃색가루를 모은 것으로 누에고치집에 묻혀서 볼에 발랐다.

신라의 부인들은 가체를 사용하였으며 품질이 우수하여 중국으로 수출하기도 하였다.

비취곡옥유리목걸이, 신라시대, 5~6세기

3) 고려시대(高麗時代, 918~1392)

고려시대에는 신라의 화장 문화가 전승, 발전되어 외형상 더욱 사치하게 되었다.

국가에서 중국의 기녀제도를 본받아 교방을 두어 기녀를 제도화시킴으로서 그 계급의 여성들은 분대화장(粉黛化粧)을 하고 기생 교육을 받았으므로 분대화장은 기생의 상징이며 진하고 야한 화장으로 지칭되었다.

분대 화장은 기생, 궁녀 등 직업 여성들의 야한 화장으로 구분되었는데 백분을 하얗게 도포하고 눈썹을 가늘고 또렷하게 그렸으며 머릿기름을 반질거리게 많이 바르는 것이 특징이다. 또한 빰에는 연지를 바르고 나들이 할 때는 향낭을 지니기도 하였다. 머리 단장에는 수유, 동백, 참깨, 들깨, 아주까리의 열매, 씨앗의 기름을 사용하였다. 또한 피부를 희게 하는 미백효과를 위해 살구씨, 복숭아씨, 쌀, 보리 기름을 사용하였다.

양반가의 여성들은 일상 생활시 희고 고운피부를 가꾸는 피부미용에만 주력하였고 자칫 기생으로 오인 받을 수 있는 분대화장을 기피하였으나 연회와 나들이 갈 때에만 분화장과 눈썹 화장 정도를 함으로써 화장이 이원화 되었다.

또한 고려인들은 불교를 신봉하고 영육일치사상으로 인해 깨끗한 몸과 마음을 모두 중요시하여 하루에 서너 차례 목욕을 하였다고 고려 도경에 기록되었을 정도로 정갈한 신체를 간직하고자 노력하였다. 그리하여 난탕 · 향수 · 복숭아 꽃물 목욕도 행하여졌다.

안면용 피부보호 화장품으로 면약(面藥)이 사용되었고, 고려 말엽에는 머리 염색이 서민 사회에까지 확산되어 보다 젊고 아름다워 보이기 위한 노력을 하였으며 머리 장식이 없는 비녀는 일반 계층에서, 꽃과 보석으로 장식된 비녀는 상류층에서 사용하였다.

미륵하생경변상도, 고려시대

족집게, 고려시대, 12세기

손톱다듬기, 고려시대, 12~13세기

4) 조선시대(朝鮮時代, 1392~1910)

조선시대에는 유교적 도덕 관념, 임진 왜란, 정유 재란으로 인한 경제적 곤란 등의 사회 문화적 배경 속에서 고려의 사치, 퇴폐 풍조에 대한 반발로 옷차림, 화장 금지령을 내렸으며 한국인 고유의 미의식인 정신과 신체가 모두 정결함을 추구하고, 근검, 절약을 강조하는 생활 사상을 중시하였다.

조선 시대의 양반, 부녀자들은 신분과 직업의 상징이 된 분대 화장을 기피하였다. 머리를 가지런히 빗고 세수를 깨끗이 하며 목욕으로 몸을 정갈하게 하는 등 담장을 하고 얼굴보다 몸가짐에 치중하여 조선 시대의 이상적인 여인상인 지 · 덕 · 체 삼위일체를 실천하였다.

조선시대의 바람직한 아내와 며느리상은 둥근 얼굴에 흰 피부, 통통하고 건강한 골격의 인내심 강한 성격을 지닌 아들 잘 낳는 모습의 소유자였으나 그 시대 남성들이 이상적으로 여겼던 미인은 동그랗고 아담한 계란형 얼굴에 반듯한 이마, 초승달같이 가느다란 눈썹, 쌍꺼풀 없는 가는 눈, 자그마한 코, 앵두처럼 작고 붉은 입술로서 조선 후기 화가 신윤복의 미인도에 잘 나타나 있다. 이처럼 정실부인과 기생에 대하여 가부장제하에 행해졌던 이중적 성윤리관은 화장 문화 형성에도 영향을 미치게 되었던 것이다.

조선 시대의 색조화장은 분화장, 눈썹화장, 연지 등이 있는데 눈썹은 가늘고 둥글며 자연스럽게 그렸고 연지는 입술, 양 볼과 이마에 사용하였으며 입술의 경우 앵두같이 작은 입술로 표현하였다.

백색피부는 호상(好尙)이라 하여 여성들의 분화장은 물론 남자 양반들이 쌀뜨물이나 쌀가루 빻은 물로 분세수를 할 정도였으며, 희고 투명한 피부를 위해 미안수를 만들어 사용하고 꿀 찌꺼기를 발라 일정 시간 후 떼어내거나 오이 꼭지를 안면에 문지르는 등의 미용법이 있었다.

숙종 시기 화장품 행상인 매분구가 존재하여 일반 대중에게까지 생산, 판매되어 이후 화장품 산업화의 조짐이 보였다. '미안수'는 화장수로서 살갗을 희고 부드럽게 하는 액체 상태의 화장품으로서 수세미의 끈적이는 성분, 박의 즙, 오이 등의 식물 성분을 사용하여 만들어졌다. 크림은 선사시대 읍루인의 돈고가 가장 오래된 기록으로 남아 있으며, 조선시대에는 밀납에 향을 가미하여 얼굴을 맑고 부드럽게 하기 위해 사용하였다.

향은 고대로부터 종교 의식에 사용되었고 신라 시대에는 향으로 병을 고쳤다고도 하며 늘 향낭을 차고 다니는 등 향을 선호하였는데 조선의 선비들은 은은한 향내를 발산시켜야 선비다운 선비로 평가되었다.

영조 때 가체(얹은 머리)를 규제하였으며 규합 총서에는 여러 두발 형태, 열가지 눈썹 그리는 법, 갖가지 입술 연지 찍는 법 등이 명시되어 있다.

조선시대의 장식에는 평상시의 치장과 의례용 치장이 확연히 구분되었는데 다음과 같다.

- 대수머리 : 궁중의식용 가체. 왕비나 빈이 대례시 적의를 입을 때의 머리장식으로 지위와 상황에 따라 용잠, 가란잠, 봉잠 등을 꽂는다.
- 큰머리 : 가체, 나무로 만든 떠구지 장식을 하였다.
- 어여머리 : 크게 땋아 올린 예장용 머리형으로써 떨잠으로 장식하였다.
- 첩지머리 : 예장시 쪽진 머리 형태에서 가리마 위에 첩지를 놓는 머리이다.
- 쪽진 머리 : 결혼한 부녀의 일반적인 머리 모양으로서 중심 가리마를 타고 뒤로 모아 쪽을 진 후 비녀로 고정시킨 형태이다.
- 땋은 머리 : 관례를 올리지 않은 처녀, 총각의 머리 모양이다. 귀밑머리를 땋아 뒤로 모으고 뒤에서 세 가닥을 땋아 하나로 엮어 늘어뜨린 형태로서 끝에 댕기를 매어 늘어뜨려 장식하였다.
- 새앙머리 : 미혼녀, 조선 말기 궁중 애기 내인의 머리 모양이다.
- 장식물 : 가체, 비녀, 족두리, 화관, 노리개, 향낭, 떠꽂이, 떨잠, 가락지 등이 있었다.

하연부인상, 조선시대

미인도, 작자미상, 조선시대 19세기

미인도, 신윤복, 조선시대

떨잠, 조선시대, 1750년경

5) 개화기(開化期)

개항 이후 정치 · 문화적 변화속에서 일본, 청나라, 유럽 등지에서 크림, 백분, 비누, 향수 등의 수입 화장품이 유입되었는데 외국 수입품들은 재래 화장품에 비하여 포장이 미려하고 품질이 우수하여 인기가 많았고 이는 우리나라 화장품의 산업화를 촉진하는 자극제 구실을 하였다.

우리나라 화장품의 대량생산품으로서 관허(官許) 1호 '박가분'이 생산되어 초기에는 판매율이 높았으나 경쟁 제품이 늘어나고 납성분 부작용으로 판매가 중지되었다.

이 시기에는 신여성의 의식 개혁과 신식 화장, 옷차림이 도입되어 진한 입술연지, 향수, 퍼머머리, 하이힐에 짧은 치마, 양산을 받쳐 든 모습의 신여성 차림새가 나타났으며 화장품 대량 생산과 수요 증가로 서구화 경향이 나타나기 시작하였다.

여염집 여인들은 자유연애를 예찬하여 바람둥이로 지탄받던 신여성들과 구별되기 위해 화장의 색조를 더욱 엷게 하여 농장을 기피하였다.

현대 무용수 최승희, 단발머리와 서구 화장을 한 대표 신여성

황실전용 은분합, 19세기 후반

박가분, 1922년

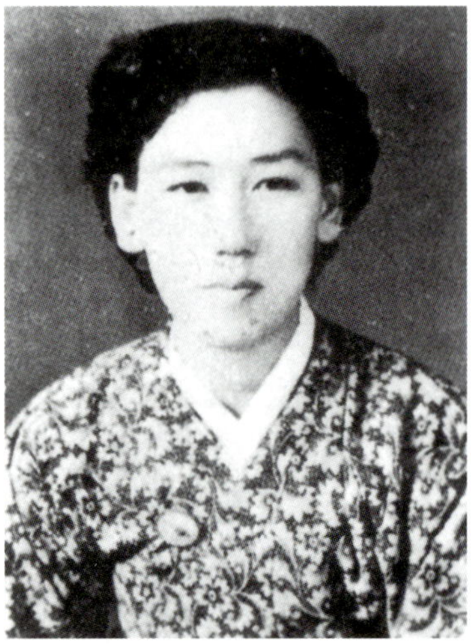

퍼머머리의 신여성

6) 현대(現代)

1945년 광복을 계기로 한국 화장품 산업이 전환기를 맞이하였는데 생산, 판매 기록을 독점한 일본의 철수로 원료 생산이 행해지지 않고 수입도 용이하지 않아 화장품 산업이 위축되어서 수입, 밀수, PX 화장품이 범람하였다.

1960년대 이후 한국 화장품 산업이 본격화되어 액상 색분(파운데이션), 스틱으로 된 연지로 변모 생산되었으며 콜드크림의 보급으로 번들거리는 윤기있는 화장법이 유행하였다.

1980년대는 생활 수준의 향상으로 외모에 대한 관심이 높아지고 서울올림픽과 컬러 TV의 보급으로 색채 사용이 다양해졌으며 화려하고 강렬한 컬러들과 펄 제품이 유행하였다.

80년대 후반에는 오존층의 파괴가 사회적으로 문제시되어 에콜로지 경향이 두드러짐으로써자외선으로부터 피부를 보호하는 것에 더욱 관심이 집중되어 자연스러운 메이크업이 부각되었다.

1990년대에는 생활 패턴의 다양한 라이프 스타일의 변화로 화장품에 대한 요구도 더욱 다양화, 개성화, 고급화되었고 그에 따른 제품 생산력의 규모가 확대되어 산업화가 계속적으로 발전을 거듭하고 있다.

2000년대에는 환경 문제의 대두에 따른 에콜로지(ecology) 경향과 웰빙(well being) 열풍으로 천연 성분의 화장품을 선호하면서 자연스러운 피부표현과 맑고 신선한 컬러의 아이섀도우가 애용되고 있으며 내면의 미적 추구와 외적 아름다움, 이와 연관된 제품 선택이 어우러져 감성적 소비 형태가 나타나고 있다.

아모레 메이크업 광고, 1983년 spring

아모레 메이크업 광고, 2001년 winter

Ⅱ

2. 서 양

1) 고대 이집트 시대(B.C 3200~)

(1) 사회 · 문화적 배경

세계 4대 문명의 하나인 고대 이집트 문명이 시작된 것은 기원전 3000년경으로서 지리적 여건상 나일강을 중심으로 위치하여 외적의 침입이 어려웠으므로 독특하고 폐쇄적인 사회 · 문화를 이룩하였다.

이집트인들의 자연과 인체미를 존중하고 균형과 조화를 추구하는 미의식을 지녔으며 다신교를 숭상하였다.

(2) 이집트인들의 미용

이집트는 미용이 고대 사회에서 가장 발달한 곳으로서 이집트 제1왕조묘에서 기름에 향을 넣은 향유병과 화장경이 발견되거나 신전 내벽 곳곳에 약이나 화장품의 제조 처방이 새겨져 있는 등 화장품 사용에 대한 가장 오래되고 많은 증거가 발견되었다.

향료나 화장용 물건들은 의식 행사와 개인 미용에 사용되었다.

투탄카멘(Tutankhamen)왕과 왕비, 18왕조 B.C 1350~40

네페르티티(Nefertiti) 왕비

① 피부미용

목욕 후에는 햇빛이나 해충으로부터 피부를 보호하고 종교 의식의 표현으로 향유를 발랐으며, 강렬한 태양빛, 뜨거운 사막 바람으로부터 피부 건조를 막기 위해서 야생 피마자(castor 나무) 기름, 올리브 오일 등 식물성 오일을 몸에 바르거나 사막개미의 알을 모아 녹여서 크림을 만들어 사용하였다. 또한 이집트의 여왕 클레오파트라의 미용법인 진흙, 우유, 꿀, 계란을 이용한 진흙 미용법 등 피부관리를 위해 자연의 추출물을 잘 활용하였다.

② 헤어스타일

종교 의식이나 더운 지방에서의 청결과 통풍을 위해 머리를 짧게 깎거나 삭발하였다. 대머리에 가발 착용은 귀족이나 왕족의 표시로서 '권위와 멋'을 나타냈으며, 왕은 '신성'을 뜻하는 가짜 수염을 달았다. 남녀 모두 가발을 착용하였는데 가발색은 검정이 많고 진청, 황금색도 있었으며 헤나(henna)라는 식물의 잎으로 모발을 염색하기도 하였다. 평민들은 머리를 깎지 않고 단발형으로 길렀다.

세티 1세와 헤더, 19왕조

영화 클레오파트라, 이집트 메이크업을 한 리즈 테일러

③ 화 장

부피가 큰 가발머리 형태에서 상대적으로 얼굴은 작게 보이도록 하기 위해 눈화장을 강조하였다.

- 피부 화장 : 이집트인은 백인계 아프리카인이므로 토종 흑인과 비교하여 밝은 피부색을 지닌 다갈색의 피부이다.
- 눈화장 : 처음에는 이집트의 강렬한 햇빛의 반사를 피해 눈을 보호하고 해충으로부터 눈병을 막기 위해 치유의 효과로서 눈화장을 하였다. 이에 부가하여 눈화장은 보호와 장식의 효과를 위한 미적효과로도 표현되었다.

  녹청색을 띤 광물질인 말라카이트(malachite) 즉 공작석에서 얻은 안료로 눈꺼풀과 눈 아래쪽에 아이섀도우를 그렸으며, 검은 화장먹인 코올(kohl)을 사용하여 눈꼬리가 연장된 물고기 꼬리 모양으로 검정색 라인을 강조하였고, 갈매기 형태의 진한 눈썹을 그리는 데에도 사용하였다.
- 볼화장 : 붉은 진흙의 고운 가루를 사용하여 장미색으로 표현하였던 예도 있으나 볼화장에 치중하지는 않았다.
- 입술화장 : 볼화장과 같이 강조되지는 않았고 네페르티티 왕비 동상이나 벽화 등에서는 브라운 컬러 정도가 사용되었다.
- 기타 : 손톱, 손바닥, 발바닥 등을 헤나의 적갈색으로 물들이기도 하였으며 가슴과 관자놀이의 혈관을 푸르게 강조하기도 하였고 검정색이나 진청색, 황금색의 가발이 나타났다.

  유물로 발견된 바에 의하면 화장용구 및 도구로는 화장용 접시, 병, 향유병, 청동, 금, 은, 금은 합금의 거울 등이 사용되었으며, 나무, 상아 소재의 빗도 사용하였다.

  이집트인들의 의복은 지중해의 아열대성 기후에 적응할 수 있도록 체열 발산 형태인 개방형의복이며 청결한 흰색을 선호함이 특징적이다. 로인 클로스(loin cloth)나 칼라시리스(kalasiris)와 같이 과다한 피부 노출의 심플한 스커트 형태였으므로 패시움(passium)이나 브래이슬릿(bracelet)처럼 과감한 장식물을 착용하였다. 파라오 중심의 절대 왕권을 상징하는 장식으로 뱀머리 장식된 왕관, 황금색의 독수리, 쏠라(sola), 왕과 여왕의 머리수건 형태의 장식인 크래프트(klaft)가 염색된 가발 착용과 함께 더욱 위용과 신비감을 자아내었다.

변형된 현대 이집트 메이크업

2) 고대 그리스 · 로마 시대 (B.C 3000~A.D 5)

(1) 사회 · 문화적 배경

지중해성 기후의 온화함과 지리상 주변 지역과의 교류로 복합적인 문화를 형성한 그리스는 로마 문명의 기초로서 인체미를 존중하고 조화와 균형을 중시하였으며 의상, 메이크업, 헤어 스타일 등이 서로 유사한 특징을 지닌다.

이 시기는 화장품, 화장술에 대한 연구 및 처방이 학문적 원리에 기초를 둔 의학과 과학의 시기로서 히포크라테스는 피부병을 연구하여 식이요법, 마사지, 햇빛 목욕 등이 피부를 건강하게 유지시켜 준다고 주장하여 현대 미용에 기여한 바가 크다.

'COSMETICS' 라는 말의 어원은 그리스어의 '치장하다' 라는 의미로 COSMETIKOS에서 나온 말이다.

(2) 그리스 · 로마인들의 미용

이 시기는 건강한 신체에 건강한 정신이 깃든다는 의식을 추구하여 목욕, 운동, 마사지 문화가 발달하였다.

일반 여성들은 기초적인 피부 손질 외에 거의 색조화장을 하지 않았으나 나라에서 인정하는 창부들은 연백, 붉은색 염료를 사용한 짙은 화장을 하였다.

남성들은 깨끗이 면도한 얼굴이 유행하였으며, 귀족 남성들은 증기탕, 마사지, 향유를 즐기며 목욕탕을 중심으로 사교 활동을 하였다.

일부 남성들의 수염으로 턱수염(beard), 콧수염(mustache)이 나타났다.

로마시대의 여인들

II

① 피부미용

미용과 종교 의식을 위해 목욕을 즐기고 우유, 포도주로 마사지를 하거나 옥수수, 우유, 버터를 밀가루와 혼합하여 마사지하였고 효모, 레몬 등 과일산을 이용하기도 하였으며 오일, 향수를 사용하였다.

기원전 150년경 그리스의 의사 갈렌(Galen)이 밀랍과 올리브유, 장미수를 혼합한 최초의 콜드크림의 원형을 만들었는데 이것은 피부에 발랐을 때 수분이 증발하면서 시원함을 주므로 붙여진 이름이다.

② 헤어 스타일

- 여성 : 롱 헤어스타일(long hair style)이나 시뇽(chignon)형이 많았다. 시뇽형은 머리를 뒤로 틀어올려 그물, 리본, 밴드를 사용하여 장식하였다.
  자연 그대로의 블론드 헤어(blond hair), 레드(red), 브라운(brown), 블랙(black)으로 염색한 머리, 잿물로 표백을 하거나 노란 꽃 으깬 물에 머리를 헹구어 황금색으로 착색하였다.
  또한 상(喪)이나 슬픈 일이 있을 때, 부정한 여자에 대한 벌의 의미로 머리를 깎았다.
- 남성 : 숏컷(short cut), 단발 형태로서 컬을 앞이마로 내려오게 하거나 뒤로 빗어 넘기는 형이었으며 철학자와 지식 계급은 롱 헤어와 턱수염을 하였고 헤어 컬러는 블론드 & 레드 헤어(blond & red Hair)가 나타났다.

③ 화장

- 피부화장 : 그리스와 로마의 여성들은 흰피부를 이상적으로 여겨 납 성분으로 된 백분을 피부에 발라서 얼굴색이 희게 보이도록 하였다. 백납분은 많은 피부의 폐해를 주었으나 흰피부에 대한 열망을 버리지 못하였다.
- 눈화장 : 눈은 코올로 아이 라인을 특히 강조하여 표현하였는데 눈의 위 라인만을 강조하는 경우가 많았다.
  아이섀도우(eye shadow)의 색상은 적갈색, 녹색, 회색이 주로 사용되었고, 아이브로우(eye brow)는 블랙 코올로 선명하게 강조하여 검정색을 띄었고 양 눈썹을 가까이 그렸다. 코는 명암을 넣어 윤곽이 뚜렷하고 이마와 연결된 긴 코로 표현한 것이 그리스 · 로마 메이크업의 뚜렷한 특징이다.
- 입술 · 볼화장 :식물성 염료나 적토를 추출하여 입술과 볼에 홍조빛으로 붉게 칠했다. 사용했던 색상은 적색, 적갈색, 레디쉬 마젠타(reddish magenta)가 벽화 등에 주로 나타났다.
  볼화장은 관골을 중심으로 둥글게 표현하였다.
- 기타 : 이집트에서 전래된 화장으로 얼굴과 손바닥 뿐만 아니라 유두에 붉은 색의 고운 가루를 발랐으며 엉덩이에도 흰색, 붉은 색의 가루를 발랐고 머리색은 갈색이나 검정보다는 금발의 여인을 더 아름답게 여겼다.
  이 시기에 착용했던 그리스의 키톤(chiton), 히메이숀(himation), 로마의 토가(toga)와 같은 대표적 의복은 모두 옷감을 신체에 느슨하게 걸칠 수 있게 만든 드레이퍼리(drapery)형의 간단한 형태의 두르는 의복이었다.

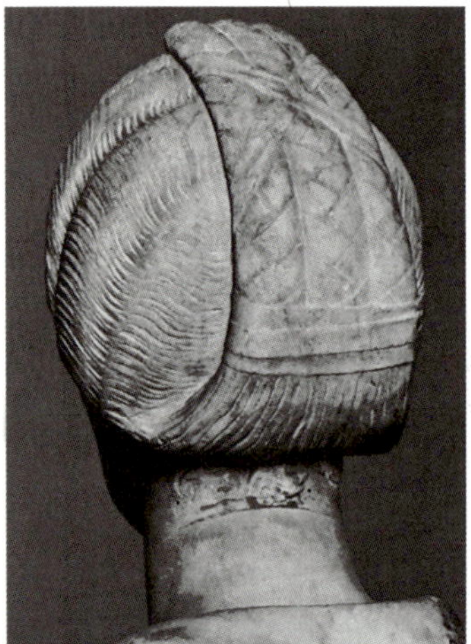

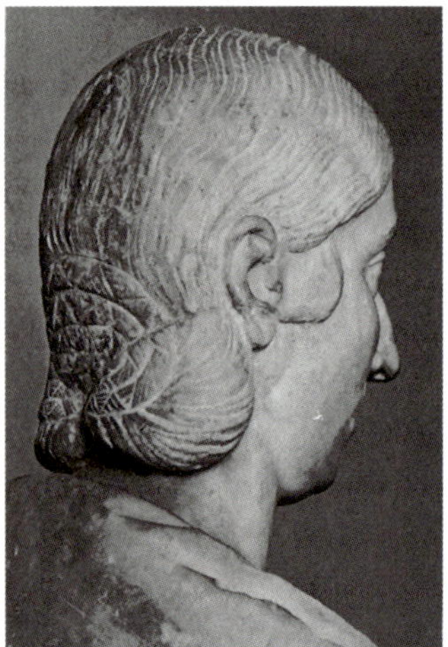

로마시대 여성의 헤어스타일

3) 르네상스 시대(16C)

(1) 사회 · 문화적 배경

르네상스 시대는 인본주의 이념에 의한 인간성 존중의 시대로서 인간 생활과 문화의 풍성한 변화 시기인 문예부흥기이다. 십자군 전쟁으로 인해 동서양의 문물 교류가 활발해진 시기이며 예술의 발전, 종교 개혁,자본주의의 출현 등이 이루어지면서 점차 개인주의와 향락주의 풍조가 만연하게 되었다.

(2) 르네상스 시대의 미용

이 시기에는 남녀 모두 위생관념이 결여되어 세수나 목욕하는 습관이 없어서 악취를 제거하기 위해 과도한 향수를 사용하였으며, 흰 피부를 갖는 것을 선호하여 진한 화장을 하였다.

① 피부미용

알코올, 채소 농축액, 우유, 꿀 등을 함유하여 만든 화장수, 크림, 로션도 사용하였으며 여성들은 백납분으로 진한 화장을 하였다. 16세기 프랑스 학자 몽테뉴는 저서에서 크림이나 팩에 대한 처방을 많이 언급하였다.

② 헤어 스타일

- 여성 : 앞 이마를 전체적으로 내놓아서 넓은 이마를 강조하였으며 뒷머리를 목덜미에 붙였다.
  거어즈나 베일을 씌워서 장식하고 진주, 각종 보석을 머리에 장식하였다.
  16세기 말에는 앞머리를 곱슬곱슬하게 컬하고 뒷머리는 소용돌이 모양을 높이 들어 올린 하이 롤(high roll)스타일이 유행하였고 부분 가발, 전체 가발을 사용하였다. 헤어 컬러는 엘리자베스 여왕의 머리색에서도 보여지듯이 붉은 색 머리가 유행하였고, 금발도 나타났다.
- 남성 : 르네상스 초기의 남성들은 컬을 하여 어깨에 늘어뜨렸으나 점차 러프 칼라(ruff collar)가 유행하고 크기도 대형화됨에 따라 머리를 짧게 자르고 단정하게 빗어 넘기는 헤어 스타일이 나타났다.
  헨리 8세의 각지게 자른 수염 등 다양한 턱수염 형태가 유행하였으며, 보석과 공작깃털로 장식한 베레모, 보닛(bonnet)이 나타났다.

엘리자베스 1세 여왕

찰스5세의 왕비–이사벨라, 1535년

③ 화장

- 피부화장 : 흰 피부색이 이 시기의 이상미였으므로 피부는 창백하고 투명하게 표현하였다. 패션 리더로서 큰 영향력을 행사한 영국 엘리자베스 1세(1558~1603) 여왕은 얼굴에 수은이 들어간 로션으로 깨끗하게 하고 달걀 흰자로 윤을 내었으며 납과 식초를 혼합한 분을 발라 일시적으로 창백한 흰색의 피부를 강조하였다. 또한 관자놀이 부근에 푸른 색의 핏줄도 인위적으로 그려넣어 투명하게 비추어 보이는 흰 피부를 두드러지게 하였으며 그녀의 곱슬곱슬한 빨간 머리와 강한 대조를 보였다.
  이 시기 사용한 백납분은 일시적으로 얼굴이 희게 보이는 효과가 있지만 피부를 심하게 훼손시키는 결과를 초래하였다.
- 눈화장 : 눈썹은 뽑아 없앰으로써 이마를 더 넓게 보이도록 하는 것이 그 시대의 미의 전형이었다. 또한 페이스 라인 주변의 헤어도 제거하여 이마의 비율이 넓어지면 더욱 어리고 순진하며 나약한 미를 주었다.
- 입술 · 볼화장 : 뺨과 입술에만 가볍게 색조 화장을 하여 용모의 섬세함을 강조하였는데 작은 입술로 표현하여 어린아이의 순수한 이미지를 강조하였다.
  입술 크기는 인커브보다 작고 장미 꽃봉오리의 곡선을 연상시키는 로즈버드(rosebud) 형태로서 입술선의 굴곡이 인커브보다 심하며 구각이 약간 뾰족한 것이 특징이다. 색채는 코럴(coral), 오렌지(orange)계열이 사용되었다.
- 기타 : 남성미, 여성미를 위한 과장된 의복과 장식이 귀족과 부유한 계층에 의해 더욱 강조되며 화장품은 상류층에 의해 과도하게 사용되었다.
  여성은 인체를 인위적으로 확대, 과장시켜 꼭맞는 허리, 부푼 소매와 종모양 스커트, 슬래쉬 장식 등이 특징적이며 보석, 레이스 장식으로 화려한 형태미를 강조하였다.
  남성은 남성미와 위엄을 위해 어깨 패드, 퍼프로 신체를 과장한 상의, 호박 모양으로 부풀린 반바지 형태의 트렁크 호즈를 착용하였다.

현대에 응용된 근세 메이크업

4) 바로크(Baroque) 시대(17C)

(1) 사회 · 문화적 배경

17세기 바로크는 '일그러진 진주'라는 뜻을 의미하며 조화와 균형이 파괴된 열정적이고 감각적인 시대사조이다.

귀족들의 향락문화가 만연하여 미적 요구가 끊임없던 시기로서 남성과 여성 모두 메이크업, 헤어, 의상 등에 대한 관심과 몸치장이 생활의 중요한 일부였고, 과장되며 인위적인 장식성으로 쾌락과 사치를 추구하였다.

17~18세기에는 몸을 자주 씻는 것이 건강에 좋지 않다고 여겨서 목욕을 기피함으로써 위생과 질병에 바람직하지 않았으며 몸냄새를 감추기 위해 강한 향수를 사용하였다.

(2) 바로크 시대의 미용

프랑스의 루이 14세는 바로크의 전성기로 모든 문화에 대한 전 유럽의 주도권을 장악하였으며 과장된 화장과 퐁땅쥬(fontange) 머리 장식, 과도한 치장을 한 복식으로 근세 시대 중 가장 화려한 장식의 패션이 보여진 시대이다.

① 피부미용

독일의 의사 훗페란트는 클렌징 크림을 제조하여 사용하였고 마사지도 권장하였다.

보습을 위해 레몬즙과 계란 흰자, 향료를 첨가하여 만든 크림으로 피부를 촉촉하게 하였다.

② 헤어 스타일

17세기에 여성 헤어스타일은 컬을 한 머리를 높게 빗어올려 리본이나 깃털로 장식하고, 철사로 틀을 만들어 탑처럼 세워 리본, 진주, 레이스, 깃털 등으로 장식한 과장되고 특징적인 머리형인 퐁땅쥬(fontange)가 유행하였으며, 머리에 분을 발라 백발로 연출하거나 회색, 갈색, 그린색 등으로 염색하여 포마드로 고정시키기도 하였다.

남성의 머리 모양은 컬 형태의 가발을 늘어뜨리거나 피그테일(pigtail)로 묶는 형태로서 회색 띤 흰색, 갈색, 연두색 등으로 착색하였다.

③ 화장

바로크시대의 메이크업은 유럽의 상류층 여성과 남성들에게 사교를 위한 필수적인 요건으로 사용되었는데 고대 그리이스 · 로마에 비해 더욱 인공적이고 강한 메이크업이 나타나서 흰 피부와 대조되는 붉은 입술과 블러셔(blusher)가 17~18세기로 갈수록 두드러졌다.

특히 근세시대(16~18세기)에는 남성 우위 시대로서 남성적 시각에서의 여성성 · 관능성을 표현하기 위하여 '로즈버드(rosebud)' 형태인 작은 크기의 입술 형태로 화장하여 의존적 나약함과 보호를 불러일으켜서 그 시대의 이상미로 이성에게 매력을 주었다.

- 피부화장 : 화이트나 포세린 컬러로 얼굴, 귀, 목까지 펼치고 화이트 파우더로 파우더링하였다.
- 눈화장 : 눈썹은 초생달과 같은 라운드 형태가 되도록 하며 제 눈썹보다 약간 위에 위치하고 진하지 않은 브라운 컬러를 사용한다.

  아이 섀도우는 카멜, 브라운 컬러를 사용하여 안구를 둥글게 감싸듯이 가로 분할하며 둥근 눈매를 연출한다.

  아이 라인은 케이크 타입이나 리퀴드 타입을 사용하여 눈매가 동그랗게 보이도록 아이라인의 중심부를 굵게 터치하여 고전미를 살리며, 쥐의 털로 만든 인조 속눈썹을 사용하기도 하였다.

  얼굴의 결점을 감추고 더 하얗게 돋보이기 위해 또한 일종의 메시지 전달로서 미용점인 뷰티 패치(beauty patch)를 사용하는 것은 이 시기의 특징으로서 원, 초생달, 별, 마차 등의 형태를 그리거나 벨벳천으로 오려 붙였고 궁정용 고약인 호박단을 이용하여 이마, 관자놀이, 입술, 가슴 등의 피부에 부착하였다.
- 입술화장 : 장미 꽃봉오리 같은 입술 형태인 로즈버드 형태(rosebud shape)에 오렌지, 산호빛 컬러를 사용하였다.
- 볼화장 : 피부의 손상을 가리기 위해 핑크, 오렌지 컬러를 사용하여 관골과 약간 낮은 볼의 넓은 부위를 둥글게 표현하였다.

17세기 퐁땅쥬 헤어스타일과 메이크업

5) 로코코(Rococo) 시대(18C)

(1) 사회 · 문화적 배경

18세기에는 중산층의 사회적 영향력이 커져 부유 귀족층으로서 영향을 미쳤으며 로코코는 '정원의 장식용 조개껍데기나 장식용의 조그만 돌'이라는 의미를 지닌다.

로코코 양식은 감각적이고 우아하며 여성적인 인공미의 특색을 보인다.

이 시대는 살롱문화라고 할 정도로 실내에서 귀족의 향락적 파티가 만연하였는데 복식과 실내장식에까지 꽃, 리본, 진주, 레이스 장식 등이 과다 사용되었다.

이 시기를 대표하는 패션 리더로는 루이 15세의 애인 퐁파두르 부인과 루이 16세의 왕비인 마리 앙투아네트가 있으며 그녀들의 메이크업, 헤어스타일, 로브 스타일이 유행하여 패션 리더로서의 역할을 하였다.

(2) 로코코 시대의 미용

① 헤어 스타일

남성은 리본으로 묶거나 여러 색상의 가발이 유행하였고, 여성은 초기에는 머리를 많이 부풀리지 않은 퐁땅쥬 스타일이 유행하다가 이후에는 퐁파두르(pompadour)와 같은 낮고 깔끔한 헤어스타일이 유행하였다. 후기로 오면서 점차 역사상 가장 거대한 머리형이 연출되어 과일, 마차, 배 등이 다양하게 장식되었다.

② 화장

- 피부화장 : 17세기에 이어 18세기에도 창백한 피부표현을 위해 백분을 발랐으며 프랑스인들은 백조처럼 긴 목을 선호하였다.
- 눈화장 : 둥근 눈썹이 진하지 않도록 메이크업하고 둥근 눈매를 표현하며 눈빛을 촉촉하게 보이도록 벨라도나(belladonna) 식물의 즙을 넣어 동공을 확대하기도 하였다.
- 입술화장 : 입술도 장미 꽃봉오리 같은 입술 형태에 이가 빠져 뺨이 들어간 부분에는 플럼퍼(plumper)를 입에 물어서 뺨을 통통하게 만들었다.
- 볼화장 : 백납분 사용과 계속되는 밤낮의 연회로 인한 피부의 손상을 가리기 위해 관골 아래쪽 볼의 넓은 부위를 둥글게 표현하였다. 이 시대에는 남성들도 백납분과 연지를 사용하고 뺨에는 패치를 붙였다.

퐁파두르(Pompadour) 부인, 1759년

소피아 마리아(Sophia Maria) 백작부인, 1745년

6) 19세기

(1) 사회 · 문화적 배경

프랑스 혁명과 산업혁명으로 인해 사회는 많은 변화 · 발전을 겪게 되어 민주주의, 자본주의의 기틀이 마련되는 시대 상황 속에서 시민문화가 형성되었으며 19세기에는 로코코 시대의 극단적으로 과장된 머리 모양과 화장, 복식이 보다 자연스럽고 단순해졌다. 19세기 복식은 고전주의(1789~1815 empire style, 나폴레옹 1세 시대), 낭만주의(1815~1845 romantic style, 왕정복고 시대), 크리놀린(1845~1870 crinolin style, 나폴레옹 3세 시대), 세기말(1870~1906 bustle style)시대인 네 시기로 나눌 수 있다.

19세기에는 최초로 자주색의 인공합성염료가 제조되기 시작하여 그후 많은 화학염료들이 발명되었으며 겔랑(Guerlain)이 현대적 의미의 화장품을 생산하였다.

(2) 19세기의 미용

① 피부미용

이 시기는 위생과 청결이 중요시되었고 비누의 사용이 보편화되었으며 왕족이나 귀족의 전유물이었던 크림이나 로션 등은 질의 향상과 제품의 다양성으로 일반 시민들도 쉽게 접할 수 있게 되었다. 또한 1866년에는 산화아연의 개발로 여성들에게 해독을 주던 백납분이 사라지게 되었다.

② 헤어 스타일

19세기 여성은 전반적으로 로맨틱한 형태로서 단순한 업 스타일(up style)이나 부분적인 업 스타일과 일부 헤어를 다운시키는 형태가 나타났으며 땋은 머리, 굵은 컬, 시뇽 스타일도 보여졌다. 머리장식에는 꽃장식, 진주, 리본, 깃털 장식이 사용되었다.

1910년대에는 깁슨 걸(gibson girl)스타일이 이상형으로서 소프트 퐁파두르(soft pompadour)란 부풀린 업 스타일로 발전했으며 이 스타일은 스포츠를 즐기는 활동적인 여인상이었다.

남성은 포마드를 사용하여 광택을 낸 머리, 짧고 컬한 머리가 나타났다.

③ 화장

여성의 두꺼운 화장은 유행에 뒤진 것이었으며(연극, 무대 분장은 예외) 뚜렷한 화장을 하는 것은 행실이 부도덕한 여성으로 간주 되어 일반 여성은 자연스러운 화장이 중요시 되었다.

- 피부화장 : 창백하고 하얀 피부
- 눈화장 : 큰 눈으로 보이게 하는 연한 화장법이 나타났고, 둥근 아치형의 눈썹으로 표현하였다.
- 입술화장 : 로즈버드 입술 형태에 엷은 브라운이나 오렌지, 엷은 핑크색이 사용되었다.
- 볼화장 : 건강하게 보이는 불그레한 뺨으로 엷고 자연스럽게 표현하였고 컬러는 로즈핑크(rose pink), 버밀리온(vermilion) 등을 사용하였다.

  남성은 콧수염과 턱수염의 형태 등이 다양하였고 향수도 사용하였다.
- 기타 : 여성은 19세기 초에는 복잡하고 과장된 장식은 없어지고 단순, 기능적 자연미를 나타내는 엠파이어 라인의 슈미즈드레스가 나타나서 목선이 많이 파여졌고 얇은 옷감을 사용하였다. 로맨틱 스타일 시대에는 X자형 실루엣, 19세기 말에는 버슬 스타일 드레스로서 엉덩이에 심을 넣어 부풀린 형태가 유행하였다.

  남성은 현대 남성복과 같은 형태의 수트가 정립된 시기로서 테일 코트, 모닝 코트와 조끼(gilet), 스탠딩 컬러 셔츠, 판탈롱을 기본 형식으로 하였고, 목에는 크라바트(cravat) 와 실크 햇(silk hat)을 썼다.

공작부인의 초상, 1846년

로스차일드(Rothschild) 남작부인, 1848년

7) 1900년대(1900~1909)

(1) 사회 · 문화적 배경

20세기 초 유럽의 많은 선진공업국가들은 강한 제국주의 성향을 드러냈다. 산업혁명에 따른 원료공급과 시장개척을 위해 해외 식민지를 확보하고 이를 통해 부를 축적하였으며, 한편으로는 외부세력과 외교적 균형을 이루면서 평화의 시대를 이루어나갔다. 19세기 후반부터 일어난 산업발전의 결과로 여성의 역할에도 상당한 변화가 일어났다. 과거 여성들에 비해 사회참여 및 교육의 기회가 확대되면서 여성들의 권리는 신장되었지만, 여전히 투표권을 갖지 못하고 특정 직업에서도 제외되는가 하면 법과 사회적 제도권에서도 차별대우를 받았다.

(2) 패션

복식의 특징은 당시 유행한 예술사조인 아르누보의 영향을 받아 물결치듯 구불거리면서 길게 이어지는 곡선의 형태, 즉 버슬스타일(S-커브 실루엣)이다.

이상적인 여성이미지로 빅토리아 시대의 얌전한 '소녀와 같은' 외모에서 에드워드 시대는 '성숙한 여성'으로 변화되었고 실용적인 의복들이 많이 개발되었다. 하지만, 여성들은 여전히 코르셋을 착용, 질질 끌리는 종모양의 치마, 옷 스치는 소리가 나는 페티코트, 커다란 모자, 팽팽하게 만든 칼라, 장갑, 복잡한 의상과 예절에 의해 행동의 제약을 받았다.

깁슨 걸(Gibson girl) 스타일

버슬스타일(S-커브 실루엣)

특히 이 시기의 대표적인 깁슨 걸(Gibson girl) 스타일은, 상의는 남성의 양복과 같은 테일러드 재킷과 주름장식이 달린 흰색 블라우스에, 하의는 하체를 넉넉히 감싼 형태, 혹은 주름을 넉넉하게 잡아 바닥에 닿을 정도로 사치스럽고 장식적인 스커트 형태에서 벗어나지 못했다. 소재는 얇고 부드러운 질감을 사용하였으며 밝고 부드러우면서 환상적인 분위기의 파스텔 색조에 주로 꽃이나 유기적인 식물 및 동물 형상을 이용하여 모티브로 삼았다.

풍요와 성장을 거듭하던 이 시기에 상류층의 사교활동은 물랑루즈를 시작으로 활발해졌다. 계급간 신분의 벽이 무너지고 여성들이 직업을 갖게 되면서 지위는 향상되었다. 또한 무성영화의 등장으로 여배우들의 스타일에 관심이 모아지면서 중산층 여성들은 여배우들의 모습을 모방하기 시작했다.

Bassie Barriscale-귀족적인 우아함의 여류 명사, 1907년

(3) 메이크업

화장은 더 이상 특정계급의 특권이 아닌 일반대중으로 확산되었다. 당시 메이크업의 특징은 매우 희고 투명한 피부표현과 더불어 눈의 윤곽이 잘 드러나 보이도록 눈썹을 진하게 그려주었다. 어린 아이같이 둥근 눈동자가 부각되도록 아이라이너를 바르고 아이섀도우를 둥글게 터치하고 마스카라를 사용했으며 작은 입술(rosebud)로 붉은 계열의 루즈를 발랐다.

1909년 러시아 발레단의 파리 공연으로 동양풍의 메이크업이 붐을 일으켰다. 아라비아풍의 짙은 눈썹과 아이라인, 인조속눈썹과 마스카라를 사용하여 속눈썹을 강조, 황금색과 밝고 강렬한 색상의 눈 화장, 자주색의 붉은 입술 등으로 동양의 신비스럽고 강한 색조가 인기를 끌었다.

동양풍 메이크업

8) 1910년대(1910~1919)

(1) 사회 · 문화적 배경

1차 세계대전(1914~1918)은 정치, 경제, 사회 전반에 걸쳐 커다란 변화를 가져왔다. 전쟁터에 나간 남자들의 빈자리를 메우기 위해 많은 여성들이 사회로 진출했다. 가사영역에서 벗어난 여성들은 여러 분야에 걸쳐 활동하면서 여성해방운동을 외쳤고 여성들의 지위는 크게 신장되었다. 사회적인 관습이 변함에 따라 남성들만 향유하던 자유를 맛보았고 여성들은 흡연과 화장을 하기 시작했다.

(2) 패션

여성들의 사회진출은 복식에도 커다란 변화를 가져왔다. 1900년대 초반 상류층에 널리 퍼져있던 버슬 스타일(곡선적인 S-커브 실루엣)의 거대한 부풀림은 사라지고 보다 더 기능적이고 실용적인 형태로 바뀌었다. 즉 곡선적이고 유기적인 **아르누보 양식**과는 달리, 직선적이고 기하학적인 **아르데코(Art Deco)양식**은 복식에 있어서도 과장된 곡선보다는 신체의 자유와 편안함을 누릴 수 있는 직선적인 실루엣을 선보이며 이후에도 계속 나타났다.

한편 1910년대는 유럽 사회 전반에 걸쳐 오리엔탈 분위기가 확산되었다. 특히 1909년 러시아 발레단의 파리공연의 영향으로 동양적인 요소가 여성복식에 도입되는 계기가 되었다. 당시 폴 푸아레(Paul Poiret)는 여성을 구속했던 코르셋을 제거함으로써 인체의 자연스러운 곡선을 살리는 우아한 스타일로 여성복식을 현대화 하였고, 호블스커트, 기모노풍의 튜닉드레스, 터번, 터키풍의 판탈롱 등을 선보이기도 했다.

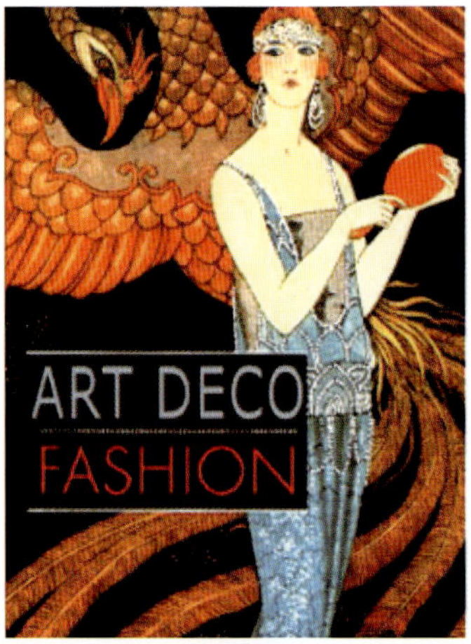

아르데코(Art Deco) 양식

폴 푸아레 파티의상, 1913년

폴 푸아레의 호블 스커트, 1913년

(3) 메이크업

1910년대 여성들은 집에서 화장품을 만들어 사용하기도 했지만 마스카라, 아이펜슬, 아이섀도우 등 화학적으로 제조된 다양한 화장품을 구매하기 시작했다. 당시 화장은 여성의 신분을 나타내는 것으로 짙은 화장은 부도덕한 여성이 하는 것으로 치부되었다. 이상적인 여성의 이미지는 소녀와 같은 모습, 성모마리아와 같은 모습이었고, 이국적인 요부의 모습과는 대별된다.

1910년대 참고할 영화로는 '타이타닉(Titanic, 1997)이 있다.

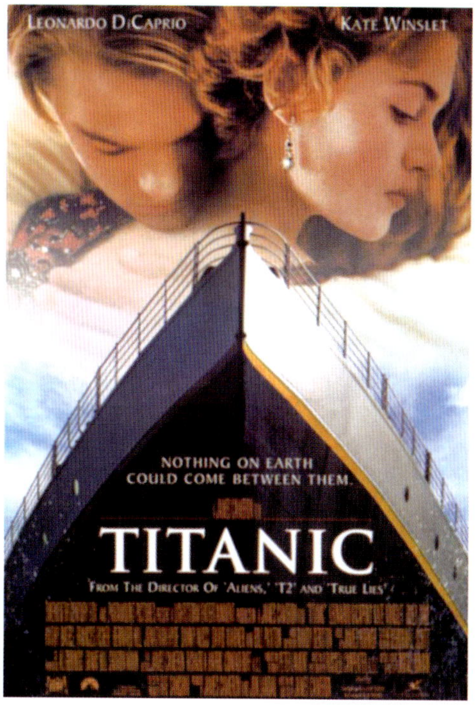

1910년대 참고할만한 영화 타이타닉, 1997년

영화배우 테디바라

초기 스크린 여배우인 폴라 네그리(Pola Negri)와 테다바라(Theda Bara)는 관능적인 매력을 표출하기 위해 코울 마스카라로 신비롭고 그윽한 눈매를 연출하였다.

9) 1920년대(1920~1929)

(1) 사회 · 문화적 배경

제1차 세계대전에서 미국이 승리하고 군수산업을 확장하면서 세계경제에 그 영향력은 상당했다. 정치, 사회적으로는 전쟁의 소용돌이에 휘말렸지만, 1922년 라디오가 가정에 보급되고 1927년 유성영화가 상영되면서 미국의 영화산업은 세계적인 관심을 모았다. 문화적으로나 과학적으로도 눈부신 발전이 있었고, 재건운동이 한창이던 1920년대는 미래에 대한 꿈과 희망에 부풀어 있었던 반면, 전쟁의 공포로부터 벗어나고자 하는 향락적인 풍조가 만연하였다. 당시 자유를 갈망하고 쾌락주의에 젖어있던 젊은이들 사이에서 즉흥적인 연주와 노래의 재즈가 유행하면서 '재즈의 시대'가 개막되었으며 이러한 '광란의 20년대', '재즈의 시대'로부터 연상할 수 있는 이미지는 '발랄한 젊은이들', 플래퍼에 의해 구현되는 '원기 왕성한 젊음'으로 대별될 수 있다.

(2) 패션

1920년대는 아르데코 예술양식의 영향으로 여성 복식에서도 빅토리아 시대의 과도한 신체적 제한과는 정 반대로, 활동적인 여성들을 위해 더 단순하고 실용적이면서 편리한 스타일이 등장했다. 실크, 레이온, 저지와 같은 가벼운 천을 사용하면서 스타일은 단순화되고 착용하는 의복 수가 전반적으로 감소함에 따라 여성들은 신체적 자유와 행동의 즐거움을 느낄 수 있었다. 1920년대 젊은 여성들은 '소년처럼' 보이거나 덜 '여성스럽게' 보이기 위해 남성스타일을 차용했다. 당시 여성들의 지배적인 이미지는 보이시룩과 플래퍼(Flapper)로 그 스타일의 특징은 직선적인 일자형의 실루엣으로 대표된다. 짧은 머리 위에 그물모양의 레이스로 짠 클로슈, 모자와 함께 착용하는 V자 형태 옷깃의 소매 없는 짧은 직선 슈미즈드레스로 스타일이 단순화되었다.

빅토리아 시대에는 여성들이 '화장하는 것'을 부도덕하다고 생각했지만, 이 시기의 여성들은 일상적으로 화장을 하게 되었다. 특히 무성영화의 시대가 열리면서 많은 여성들은 스크린의 여주인공들을 닮아 보이기를 희망하면서 클라라 보우, 테다바라(Theda Bara), 폴라 네그리(Pola Negri)와 같은 은막의 스타들이 우상이 되었다. 당시 여배우들은 요염하고 바람기 있는 '요부'의 모습으로 하얀 얼굴에 눈썹 위까지 감은 터번 밑으로 콜을 짙게 바른 검고 커다란 눈과 입술을 강조한 스타일이 대표적이며 짧은 보브형의 헤어스타일에 클로슈모자를 눌러쓴 모습이다.

플래퍼 룩

1920년대 메이크업

클라라 보우(Clara Bow)

(3) 메이크업

창백하고 새하얀 피부표현을 위해 흰색에 가까운 최대한 밝은 색상의 파운데이션을 사용한다. 빈틈없는 피부표현을 위해 스틱타입의 파운데이션을 선택하고 투명 파우더를 이용하여 가볍게 유분감을 제거한다. 보다 더 창백한 피부표현을 위해 얼굴 전체에 흰색파우더를 발라 완성시킨다.

눈썹을 가늘게 뽑고 앞머리에서 수평으로 가느다란 형태를 유지하면서 꼬리부분에서 아래로 처진 일자형의 눈썹으로 완성시킨다.

눈 화장은 눈 주위를 강한 흑백 대비감을 통해 눈의 깊이감이 강조될 수 있도록 한다. 눈썹 뼈 부위에는 흰색계열의 아이섀도우를 이용해 펴 바르고, 아이홀 안쪽은 회색, 검은색 아이섀도우를 잘 펴 발라준다. 검은색상의 콜펜슬을 사용하여 눈 안쪽 가장자리 위, 아래의 점막을 빈틈없이 메워주고 눈꼬리 가장자리 부위는 둥그스름한 느낌이 나도록 검은 색의 아이섀도로 잘 펴준다. 이때 눈 아래에 검은색의 아이섀도가 떨어지지 않도록 조심한다. 아이래시컬러로 속눈썹의 컬을 만들어 주고 난 뒤, 마스카라로 마무리한다.

입술은 실제 자신의 입술보다 얇고 작게 그려 벌에 쏘인 듯한 형태(bee stung)나 장미꽃 봉오리(rosebud)와 같은 형태로 표현하였다. 윗입술은 펜슬을 이용해서 활모양으로 입술선을 따라 정교하게 그리고 검붉은색상의 립스틱으로 표현하며, 아랫입술은 동그랗게 칠해준다.

20년대 참고할만한 영화들로는 '위대한 개츠비(The Grreat Gatsby, 1974)', '코튼클럽(The Cotton Club, 1984)', '벅시(Bugsy, 1991)', '시카고(Chicago, 2002)' 등이 있다.

1920년대 이미지를 활용한 현대 메이크업

II

10) 1930년대(1930~1939)

(1) 사회 · 문화적 배경

1929년 뉴욕의 월스트리트 붕괴로 전 세계적인 경제대공황이 일어났고, 그 여파로 사회적 불안과 정치적 혼란을 가져왔다. 실업자 수가 급속도로 증가하면서 근로여성들을 가정으로 다시 돌려보내기 위해, '아내'와 '어머니'라는 전통적인 역할을 요구하는 사회분위기가 고조되었다. 여성을 대상으로 한 언론매체들도 결혼을 일차적인 목표이자, 행복의 유일한 수단으로 생각하도록 미혼여성들을 부추겼다. 할리우드 영화제작자들 역시 대부분은 감상적인 삼류연애 이야기를 만들어 여성이 사랑에 빠지는 과정을 통해서 재정적 안정과 행복을 성취하는 것으로 그려냈다. 이 시기 이상적인 여성의 모습은 1920년대의 쾌활하고 진보적인 말괄량이의 모습과는 달리 보수적이면서도 여성스럽고 우아한 스타일로 바뀌었다.

(2) 패션

당시 여성복식의 특징은 성숙하면서도 우아하고 극도로 여성스러움이 강조된 스타일이다. 코르셋없이 신체의 굴곡이 강조되면서도 날씬해 보이고 전체적으로는 길게 흐르는 듯 너울진 롱 앤 슬림한 실루엣의 형태였다. 이브닝웨어는 극단적으로 등을 노출한 홀터 네크라인과 데콜테가 성행하는 등 여성스럽고 성숙한 스타일이 유행했다. 일상복에 있어서도 바이어스 컷을 활용한 롱 & 슬림 스타일이나 플레어스커트가 유행하였으며, 몸통은 꼭 맞고 어깨가 넓어지는 등 여성의 가슴, 허리, 힙을 강조하는 스타일도 나타나게 되었다.

경제적 불황속에서 환상의 세계를 통해 현실의 어려움을 잊고자하는 많은 사람들로 할리우드 영화는 전성기를 이루었다. 이 시기 긴 드레스와 잔잔하게 물결치는 헤어스타일로 여성스럽고 우아한 이미지를 갖춘 그레타 가르보, 진 할로우, 마를렌느 디트리히와 같은 여배우들의 스타일은 일반 사람들에게 많은 영향을 미쳤다. 한편, 파우더, 베이스, 립스틱, 아이섀도우, 펜슬 등 다양한 화장품들이 개발되었고, 그 중에서도 빨간 립스틱과 네일 에나멜이 큰 인기를 끌었다.

장 파투의 트리컬러 파자마, 1932년

우아한 스타일의 여성스러움이 강조된 흰색 이브닝가운, 1930년

롱 & 슬림라인의 이브닝드레스, 1931년

(3) 메이크업

대리석 조각같이 완벽하게 아름다운 피부표현을 위해 밝은 핑크빛이 감도는 케익타입의 파운데이션으로 다소 두껍고 빈틈없이 발라준다. 얼굴의 입체감을 강조하기 위해 광대뼈 아래 부분에 음영을 주면서 아래로 살짝 직선적인 느낌이 나도록 표현한다.

눈썹은 여성스러움을 강조하기 위해 눈썹형태는 밝은 브라운색상을 사용하여 가늘고 둥근 아치형으로 볼륨감 있게 완성시킨다.

눈의 깊이감과 입체감을 부여하기 위해 갈색 아이섀도우로 아이 홀을 강조하면서 음영감을 준다. 아이래쉬컬러로 속눈썹을 올려 고정시키고 풍성하고 볼륨감 있는 인조 속눈썹을 붙여 블랙의 진한 아이라인과 마스카라로 마무리 한다. 입술은 펜슬과 립스틱을 사용해서 큐피트 화살(cupid bow) 형태로 윗 입술산을 살려 그려주고 밝은 레드계열을 칠해 준다. 1920년대의 검붉은 색상보다 1930년대는 선명하게 밝은 붉은 색상을 이용한다.

30년대 참고할만한 영화들로는 '그랜드호텔(Grand Hotel, 1932)', '에비에이터(The Aviator, 2004)', '춘희' 등이 있다.

그레타 가르보(Greta Garbo)

진 할로우(Jean Harlow)

영화 그랜드 호텔, 1932

영화 에비에이터

영화 춘희

11) 1940년대(1940~1949)

(1) 사회 · 문화적 배경

제2차 세계대전(1941-1945) 이후, 경제적으로 빈곤해지면서 물자부족에 시달리게 되고 세계는 황폐해졌다. 모든 산업은 군수산업에 집중되었고 여성들조차 군대에 입대하거나 군수품 공장에서 일하게 되었다. 전쟁으로 세계 여러 나라에서는 소비제한을 위한 대책마련이 필요했고 하나의 방편으로 복식에 대한 규제를 시행하였다.

(2) 패션

이러한 분위기 속에서 대부분 사람들의 복장이 작업복 형태의 의복과 바지차림으로 보편화되면서 단순하고 기능적인 밀리터리 룩(military look)이 유행하였다. 여성복식에서 밀리터리룩의 특징은 작은 모자, 굽이 있는 구두, 각진 어깨, 무릎길이의 짧은 스커트, 테일러드 스타일로 대별된다. 반면 제 2차 세계대전 이후, 크리스찬 디올이 1947년 뉴룩(new look)을 발표하면서 여성복식에서 급격한 실루엣의 변화가 나타나고 이로써 패션계는 새로운 장을 열게 되었다.

크리스찬 디올의 뉴룩, 1947

베로니카 레이크

잉그리드 버그만

영화 애수, 1940

영화 카사블랑카, 1942

영화 월드 오브 투모로우

(3) 메이크업

남성들을 대신해서 일터로 향해야 했던 여성들은 화장하는데 많은 시간을 할애할 수 없었다. 당시 화장을 하는 여성들은 드물었으며 1930년대에 비해 보다 더 자연스러운 미인을 선호하였다. 이 시기를 대표하는 배우로는 잉그리드 버그만(Ingrid Bergman), 베로니카 레이크(Veronica Lake), 리타 헤이워스(Lita Hayworth), 베티 그레이블(Betty Grable) 등이다.

잉그리드 버그만은 영화 <카사블랑카>에서 청순하고 자연스런 내추럴 메이크업을 선보였다. 눈썹의 형태가 30년대에 비해 두꺼워지면서 눈썹을 깔끔하게 뽑아 다듬어 자연스러우면서 또렷한 아치형 눈썹형태를 유지하였다. 눈 화장을 강조하기 보다는 인조 속눈썹과 마스카라로 선명하게 눈매만 강조하는 화장을 했다. 입술은 짙은 색상보다는 가벼운 색상으로 부드럽고 엷게 표현했다. 한편 전쟁 중 군인들의 사기 진작을 위한 핀업걸 산업이 활성화 되면서 여성들 사이에는 글래머러스한 화장을 즐기기도 했으며 이에 관련하여 구각을 살린 곡선적인 입술형태(큐피드 보우)와 아치형 눈썹이 성숙한 관능미를 더해 주었다.

40년대 참고할만한 영화로는 '애수(Waterloo Bridge, 1940)', '카사블랑카(Casablanca, 1942)', '에비타(Evita, 1997)', '월드 오브 투모로우(Sky Captain And The World Of Tomorrow, 2004)' 등이 있다.

12) 1950년대(1950~1959)

(1) 사회 · 문화적 배경

유럽을 비롯한 세계 각국은 전쟁의 폐허 속에 식량, 주택, 의약문제로 고통을 겪고 있는데 반해, 두 차례의 전쟁으로 눈부신 경제부흥을 이루게 된 미국은 정치, 사회, 경제, 문화를 비롯한 모든 면에 있어 주도권을 장악하게 되었다. 경제적 풍요로움 속에서 자본주의의 급속한 발전은 기능주의에 따른 단순화, 기계화, 획일화를 초래하였다. 뿐만 아니라 과학의 발전과 기술의 진보로 대량생산이 가능해지고 물자가 풍족해지면서 소비중심의 사회를 형성하게 되었다.

(2) 패션

여성 복식에서 특징적인 변화는 민주주의의 발전으로 남녀평등 사상이 고취되어 여자들도 바지를 일상복으로 착용하면서 캐주얼웨어에서부터 포멀수트(formal suit)까지 널리 애용하게 되었다. 1951년 리바이스(levi's)의 등장은 이러한 경향을 촉진시켰을 뿐만 아니라, 새로운 패션아이템으로 정착시키는 역할을 했다.

크리스챤 디올의 뉴룩은 전쟁의 딱딱함과 내핍으로부터 벗어나 여성적이고 우아한 것을 요구하던 당시의 수요와 맞물려 대성공을 거두면서 이후, 10여년간 H라인, A라인, Y라인 등 새로운 라인들을 선보이며 라인의 시대를 열었다. 1954년에는 샤넬이 컴백하여 저지나 트위드 소재의 카디건 스타일의 재킷과 무릎 밑 5~10㎝ 길이의 샤넬 수트를 발표하였다. 또한 영화배우들의 스타일이나 뮤지컬 배우인 라나 터너(Lana Tuner)에 의해 대표되는 스웨터 걸 스타일이 유행하기도 했다.

오드리 햅번

엘리자베스 테일러

리바이스 진, 1950

(3) 메이크업

1950년대의 미인은 마릴린 먼로(Marilyn Monroe), 오드리 햅번(Audrey Hepburn), 그레이스 켈리(Grace Kelly), 엘리자베스 테일러(Elizabath Taylor)와 같은 스타들로 일반 대중에게 크게 어필하였고 특히 글래머러스하고 섹시한 마릴린 먼로나 혹은, 귀엽고 사랑스런 오드리 헵번의 모습으로 대별될 수 있다. 앞선 시대의 인위적이고 두꺼운 화장보다 훨씬 더 자연스러워졌고 우아하면서도 성숙한 여성의 이미지를 강조한 것이 그 특징이다. 입체적이면서도 다소 인위적인 조각같이 희고 밝은 피부표현을 위해 핑크빛이 감도는 파운데이션을 발라준다. 눈썹은 여성스러운 곡선 형태를 유지하면서도 인위적인 느낌이 강할 정도로 두껍고 또렷하게 그려준다. 눈 화장은 브라운으로 아이 홀에 음영을 주고 페일블루, 회색이나 녹색계열의 아이섀도우를 바른 뒤, 인조 속눈썹을 붙이고 액상 아이라이너로 눈꼬리를 치켜 올려 눈매를 강조한다. 입술은 여성스러우면서도 풍만하고 또렷한 밝고 붉은 립스틱으로 완성한다. 한편 마릴린 먼로처럼 붉은 립스틱으로 과장되게 표현한 섹시한 입술(아웃 커브)과 함께 애교점을 그려 넣는 것이 유행하기도 했다.

50년대 참고할만한 영화로는 '로마의 휴일(Roman Holiday, 1953)', '신사는 금발을 좋아해(Gentlemen Prefer Blondes, 1953)', '나는 결백하다(To Catch A Chief, 1955)', '티파니에서 아침을(Breakfast At Tiffany's, 1961)' 등이 있다.

마릴린 먼로

영화 로마의 휴일, 1953년

영화 신사는 금발을 좋아해, 1953년

영화 티파니에서의 아침을, 1961년

II

13) 1960년대(1960~1969)

(1) 사회 · 문화적 배경

동서양의 냉전, 중동전, 베트남 전쟁 등 크고 작은 전쟁의 소용돌이에 휘말려 정치적으로는 격동기였지만, 경제성장은 지속적으로 가속화되고 임금수준과 생활수준이 향상됨에 따라 개인의 여가활동은 다양해지고 문화적 전성기를 누린 낙관주의 시대였다. TV, 잡지, 영화 등의 다양한 대중매체들이 발달하면서 대중문화는 급속도로 확산되었으며, 과학기술의 눈부신 발전으로 우주선이 발사되고 우주시대가 개막되었다.

경제적 여유가 생기면서 재정적으로 부모로부터 독립한 '베이비 붐' 세대들은 그들만의 독특한 청년문화를 형성하면서 기성세대와는 차별된 행동양식을 보였다. 또한 기성세대에 대항하여 정치, 경제, 사회적 변혁을 요구하는 젊은이들의 반전운동과 저항운동이 극대화되었고 평화에 대한 갈구와 현실 도피적인 젊은이들 사이에 히피주의가 확산되었다. 또한 60년대는 옵아트(op aut), 팝아트(pop art), 미니멀리즘(minimalism)과 같은 현대적 감각의 예술 경향이 나타났다.

1960년대 페이스페인팅

(2) 패션

1965년에 당시 모델이었던 트위기(Twiggy)가 입어 선풍적인 인기를 모은 미니스커트는 가냘픈 몸매에 도발적이고 천진난만한 모습으로 젊은이들의 패션으로써 완벽하게 스타일링 되었으며, 헤어 드레서인 비달 사순의 유명한 비대칭 커트 스타일, 파스텔 톤의 타이즈, 메리 제인 슈즈, 그리고 인조 속눈썹을 붙여 마치 바비 인형과 같은 크고 인상적인 눈매의 메이크업은 환상적으로 어울렸다. 1960년대는 종래의 우아하고 여성스러운 이미지와는 달리 경쾌하고 발랄하면서도 활동적인 소녀와 같은 이미지로 젊음을 강조한 것이 특징이다. 직선적인 단순한 스타일로 젊은 층의 감각에 잘 맞는 미니스커트, 스페이스 룩, 레이어드 룩, 히피 룩, 시드루 룩 등 이전에 볼 수 없던 독창적이고 새로운 패션이 등장했고, 패션의 기성복 시대를 열었다. 이전까지 영화 스타들의 패션을 무조건 추종하는 모방에서 벗어나 각 계층과 연령에 따라 다양하게 개성을 중시하는 미적 표현이 대두되었다.

41킬로그램의
최초의 슈퍼모델 트위기

피에르가르뎅 미니드레스

(3) 메이크업

60년대는 눈 화장을 극대화시키기 위해 눈썹을 엷게 탈색하고 과장된 인조 속눈썹과 기하학적인 아이라인으로 옵아트적이고 사이키델릭한 괴이함을 나타냈다. 입술색도 붉은 색에서 옅게 변화되었다.

피부표현은 최대한 밝으면서도 다소 창백하게 표현하고 입체감 있는 피부표현을 위해 눈, 코, 이마 부위에는 아이보리색상의 스틱 파운데이션을 사용하고, 그 이외의 부위에는 피부색과 유사한 파운데이션을 사용한다. 투명파우더로 가볍게 마무리한 뒤, 전체적으로 핑크색파우더를 이용해서 피부색을 화사하게 정리해준다. 하이라이트 부위인 이마, 코, 볼, 턱에 백색파우더를 바르고 교정용 콤팩트를 이용해서 음영을 주면서 얼굴의 입체감을 준다.

영화 오스틴 파워

루디 건라이(Rudi Gernreich)패션 메이크업, 1966

눈썹은 밝은 브라운색상으로 가늘고 둥근 모양으로 살짝 쳐져 보이게 그리며 눈썹을 강조하지 않는다.

눈 화장은 쌍꺼풀 주위에만 상아색, 엷은 옥색, 푸른색 아이 섀도우를 바르고 아이홀 부위에 인위적으로 둥글게 아이홀 선을 그려 인형 같은 눈매로 완성시킨다. 길고 숱이 풍성한 인조속눈썹을 아래, 위로 붙여주고 마스카라로 여러 번에 걸쳐서 발라준다. 아이라인은 두껍게 그려주고 눈꼬리를 빼어 더 연장되게 그려준다. 입술화장은 육감적인 느낌이 들도록 립라이너로 윤곽을 뚜렷하게 그려주고 엷은 색상으로 메워 도톰하고 섹시한 입술로 완성시킨다.

60년대 참고할만한 영화로는 오스틴 파워(Austin Power, 1997) 등이 있다.

14) 1970년대(1970~1979)

(1) 사회 · 문화적 배경

1970년대는 두 차례의 오일 쇼크와 달러 쇼크, 이에 따른 세계경제의 침체로 실질적이고 합리적인 소비를 추구하게 되었다. 70년대 중반이 되면서 세계 경제는 안정을 되찾았고 생활수준이 향상되었다. 젊은이들은 독자적인 라이프스타일을 지향하기 시작했고, 여성들의 사회 진출로 그 파워가 막강해짐에 따라 결혼과 가족생활의 양식이 변화되었다.

한편 베트남 전쟁의 영향으로 사회 전반에 걸쳐 휴머니즘을 강조하는 반전운동이 폭넓은 지지를 받았다. 격동적이면서도 활기차고 낙천적인 1960년대에 비해 1970년대는 미래에 대한 불안감, 불황속에서의 부정적인 현실이 나타났다. 이는 기성세대에 대한 반발로 이어지면서 사회적인 불만을 표출한 반항적이고 공격적이며 과격함과 저속한 펑크스타일로 표현되어 또 하나의 젊은이들의 독특한 문화양식으로 형성되었다.

(2) 패션

1970년대의 영 패션은 펑크(punk)와 팝(pop)의 영향으로 비구조적이면서 활동적인 스타일이 유행하였다. 편안함을 추구하면서 입기 쉬운 레이어드 룩은 합리적이며 실용적인 의복으로 저렴한 가격의 의복을 층층이 겹쳐 입어 색상이나 소재 등의 다양한 효과를 낼 수 있는 특징이 있다. 또 한편으로 여권신장 운동과 여성의 사회진출과 맞물려 '젊은 소녀'에서 '젊은 여성'으로 성숙한 감각의 정장스타일이 인기를 끌었다. 70년대는 각자의 개성에 따른 다양한 패션이 유행하여 전원풍의 의상, 레이어드 룩, 에스닉 룩, 펑크 룩, 글래머러스 룩 등 다양한 룩이 유행하였다.

펑크 스타일

(3) 메이크업

눈 화장이 극단적으로 강조된 1960년대에 비해서 1970년대는 점차적으로 자연스러운 눈썹형태와 함께 색상을 많이 사용하지 않으면서 섬세하고 입체적인 아이 홀을 강조한 자연스러운 눈 화장, 립 라이너를 이용해 입술 윤곽을 섬세하게 그린 입술화장이 유행했다.

1970년대 후반, 기성세대에 대한 반발은 펑크스타일로 나타났다. 대중문화의 또 하나의 흐름이었던 펑크는 저항정신에서 비롯되었다. 기존의 모든 체제와 관습을 거부하며 새로운 문화를 탄생시켰는데 이는 패션에도 크게 영향을 미치게 되고 일반적인 아름다움과는 상반된 개념의 유행을 창조시켰다. 닭벼슬처럼 부풀린 앞머리(모히칸 헤어스타일), 석고처럼 창백한 피부에 볼이 깊게 패이도록 사선으로 넣은 브라운 블러셔, 눈의 아래위를 강한 색상들(핑크, 그린, 블루, 옐로우 등)을 사용하여 퇴폐적이고 불쾌감을 주는듯한 전위적인 눈화장을 하고 자연스럽지 않은 눈썹과 핏기 없는 입술 등 기존의 정형화된 아름다움을 거부하고 새로운 미의 개념을 바꿔버린 혁신적인 스타일로 개성이 강한 메이크업이 특징적이다.

창백한 흰 피부를 위해 아이보리색상의 파운데이션을 바른 뒤 흰색의 파우더로 마무리한다. 눈 위 아래에 검은 색상의 아이섀도우를 바른 후 검은 펜슬로 아이라인을 두껍고 강하게 그려준다. 숱이 많고 진한 인조속눈썹을 붙여 눈매를 더욱 더 강하게 만들고 검은 색상 아이섀도우로 눈썹을 직선적인 느낌으로 그려준다. 눈과는 대조적으로 입술은 아주 창백하게, 누드베이지 컬러로 립라인 없이 바른다. 다크 브라운 색상으로 광대뼈 외곽부분에서부터 턱쪽을 향해 사선이 되도록 발라서 정면에서 봤을 때 볼이 움푹 패여 보이도록 펴준다.

70년대 참고할만한 영화로는 '벨벳 골드마인(Velvet Goldmine, 1998)', TV 드라마로는 '미녀 삼총사' 등이 있다.

파라 파세트(Farah Fawcett)

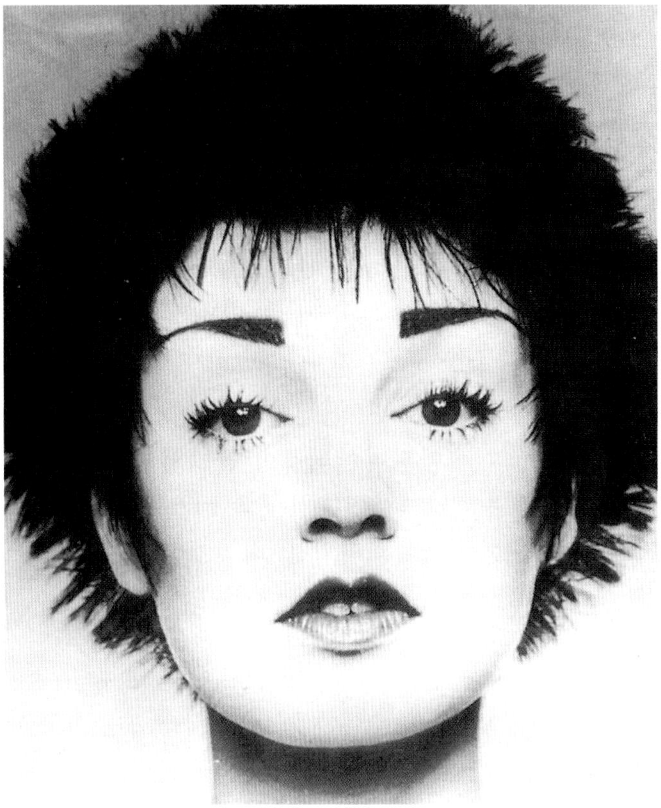

1970년대 메이크업과 헤어스타일

15) 1980년대(1980~1989)

(1) 사회 · 문화적 배경

한창 고조되었던 동서의 냉전분위기가 1987년 구소련의 개방정책과 정치개혁을 계기로 여러 공산권 국가들에서도 국제적 교류가 빈번해지고, 1989년 베를린 장벽이 무너지면서 새로운 정치적 국면을 맞게 되었다. 1980년대는 전반적으로 낙관적이고 번영의 시기였다. 무절제한 과소비가 행해지고 물질만능주의에 빠진 부자들이 맘껏 과시하고 사치를 즐기면서 빈부의 격차도 상당해졌다. 많은 여성들이 일용직에서 벗어나 다양한 전문직에 종사하게 되면서 사회적 지위가 향상되었다. 개인의 소득수준과 생활의 질이 높아지면서 여가활동을 중요시하고 건강에 대한 관심도 한층 더 고조되었다.

앤드로지너스 룩

빅룩

(2) 패션

다양한 레저 활동들을 즐기게 되면서 스포츠 웨어가 발달하였고, 평상시 편안한 차림의 스포츠웨어를 입게 되었다. 또한 실용적인 의복으로 여겨지던 청바지가 80년대 중반 이후에 크게 유행하면서 패션 아이템의 하나로 정착하게 되었다. 캐주얼웨어에서 시작된 유니섹스 모드는 여성의 사회 진출이 폭넓어지면서 다양한 형태로 확산되었다. 특히 1980년대에는 페미니즘의 영향을 받아 여성복에서도 직선적이고 남성적인 실루엣이 많이 선보였다. 패드를 넣은 각진 어깨와 폭이 넓은 벨트로 체구가 커보이게 하는 파워수트가 등장하기도 했다.

한편 반핵시위와 더불어 산업화에 따른 각종 공해로부터 환경을 보호하기 위한 사람들의 관심이 자연으로 돌아가고자 하는 의식으로 확대되었다. 천연소재를 선호하고 꽃무늬와 자연의 문양을 주로 사용하여, 자연스러운 선을 강조하는 등 의복의 소재, 문양, 디자인에 고루 표현되는 에콜로지 룩이 유행했다.

이외에도 포스트모더니즘은 80년대 패션현상에 지대한 영향을 미쳐 동서양의 절충, 수공예 기법과 현대적 감각의 조화 등의 절충주의와 남녀 구분의 이분법적 사고를 해체하는 앤드로지너스 룩 등 다양한 경향이 함께 전개되었다.

80년대 참고할만한 영화로는 '토요일 밤의 열기(Saturday Night Fever, 1977)', '프리실라(The Adventures of Priscilla, 1994)', '웨딩싱어(The Wedding Singer, 1998)' 등이 있다.

1980년대 메이크업

영화 디스코 토요일밤의 열기

영화 웨딩싱어

완벽한 아이섀도우와 아이라인, 화려한 블러셔 등 성숙하고 섹시함이 느껴지는 80년대 대표적인 3가지 메이크업 스타일에 대해 알아본다.

(3) 메이크업

① 마돈나 스타일

80년대 대중문화의 중심이던 마돈나 스타일은 80년대 도발적인 매력을 풍기는 섹시한 여성의 대표적인 이미지다. 높게 묶은 포니테일 헤어스타일에 피부는 최대한 밝게 표현하고 파우더를 충분히 발라 매트한 피부를 완성시킨다. 눈썹은 눈썹 앞머리를 살려 좀 더 진하게 그리고 눈썹 꼬리부분은 길게 그려서 성숙한 느낌이 들게 한다. 눈의 깊이감을 강조하기 위해 흰색, 검은 회색계열로 한 아이홀을 강조하고 섹시한 눈매를 강조하기 위해 눈 위아래 모두 아이라인을 굵고 진하게 그리되, 눈 꼬리는 치켜 올라가듯 그려주며 인조 속눈썹을 붙인다. 최대한 밝은 레드컬러를 이용해서 입술라인보다 크고 둥글게 완성시킨다.

마돈나

② 미녀 삼총사 스타일

80년대 이미지 중에서 가장 여성스러운 이미지는 미녀 삼총사 스타일(브룩쉴즈, 소피마르소, 피비케이츠)이다. 적당한 볼륨감이 살려진 부드러운 바람머리, 핑크색과 바이올렛으로 어우러진 눈매와 볼, 부드러운 핑크색의 입술로 여성스러운 매력을 모두 갖춘 모습이다. 자신의 피부색보다 조금 밝고 또 촉촉한 느낌으로 표현하기 위해 리퀴드 파운데이션을 발라주고, 소량의 파우더를 사용하여 피부표현을 완성시킨다. 눈썹은 본인의 눈썹 형태를 최대한 살려 주면서 너무 가늘지 않게 볼륨감 있게 그려준다. 눈화장은 핑크, 보라계열로 눈두덩이 전체에 발라주고 특히 펄감을 잘 살려준다. 볼은 핑크계열로 화사하게 표현하고 입술은 핑크 립스틱을 바른 후 입술 가운데에 펄감을 부여한다.

Brooke Shields(위), Phoebe Cates(왼쪽), Sophie Marceau(오른쪽)

③ 디스코 걸 스타일

70년대 말부터 시작된 디스코 열풍은 80년대에 그 전성기를 이루었으며 글래머러스한 매력이 돋보이는 디스코 걸 스타일은 잭슨 파이브와 도나 썸머, 다이아나 로스 등으로 대별될 수 있다. 볼륨을 강조하여 부풀린 헤어스타일과 윤기있고 광택감 있는 피부, 푸른 아이섀도우를 이용하여 눈매를 강조하고 선명한 립라인과 대조를 이루는 누드컬러로 입술을 완성시킨다.

도나 썸머

다이아나 로스

16) 1990년대(1990~1999)

(1) 사회 · 문화적 배경

21세기로 옮겨가는 세기의 전환점에서 산업 사회는 정보화 사회로 이행되었으며 퍼스널컴퓨터 사용이 보편화되고 정보 네트워크가 연결되어 세계가 하나 되는 글로벌 시대를 열었다. 인터넷의 확산이 가속화되면서 컴퓨터 세대들의 독특한 문화가 형성되었고 개인의 소비생활에도 많은 변화를 가져왔다. 80년대 후반부터 대두된 환경문제는 지구촌 전역에 걸쳐 일어나는 기상이변으로 그 위기감이 한층 더 고조되었고, 자연과 환경에 대한 중요성이 부각되면서 자원을 재활용하고 친환경적인 상품개발에 박차를 가했다.

(2) 패션

미래에 대한 환경과 자원보존에 대한 관심은 그린패션을 이끌어냈으며 내추럴풍과 에콜로지풍을 유행시켰다. 무엇보다도 1990년대 패션경향은 포스트모더니즘의 영향을 받아 특별한 양식이나 일정한 규칙에 얽매이지 않은 다양한 스타일이 뒤섞여 발전하였다. 경기침체와 걸프전의 영향으로 절제의 미학이 반영된 미니멀 패션이 등장하는가 하면 앞선 시대에 대한 향수는 새로운 복고적 경향으로 나타났다. 또한 문명으로부터 소외된 이국적 취향의 에스닉스타일, 아시아 일대의 많은 민족적 특성을 지닌 오리엔탈스타일 등으로 물질에 앞서 정신적 풍요로움을 중요시하고 과거와 미래, 동서양의 문화가 독특하게 재구성된 세련된 이미지를 표현하였다. 이와 더불어 새로운 세기를 맞이하는 세기말적 경향과 미래적 경향이 함께 공존하면서 첨단기술에 의한 하이테크 가공소재를 사용한 미래지향적 이미지와 아방가르드한 형태로 미니멀리즘에서 초현실주의에 이르는 다양한 이미지가 창출되었다.

(3) 메이크업

90년대 초, 환경문제에 대한 사회적인 이슈로 자연을 닮은 색상들을 선호하면서 에콜로지풍의 자연스러운 내추럴 메이크업이 유행하였다.

특히 92년 "사랑과 영혼"에서 데미무어의 맑고 투명한 메이크업의 특징은 화려했던 1980년대의 화장에 비해 인위적이지 않고 자연스러운 느낌으로 색조가 엷어지고 질감은 훨씬 더 가벼워졌다. 이제 막 세안하고 나온 듯한 투명한 느낌으로 자신의 피부처럼 투명하고 자연스럽게 피부표현을 하고 적당히 눈썹을 뽑아 자연스러운 아치형의 눈썹모양을 유지하였다. 뉴트럴 계열의 자연스럽고 가벼운 색조로 눈화장을 했고 장밋빛이 도는 갈색 립글로스와 엷은 블러셔로 색감이 도드라지지 않는 자연스러운 색조들로 화장을 완성했다. 이러한 내추럴 메이크업은 세계 여성들 사이에서 인기를 끌면서 내추럴 메이크업이 지속적으로 유행하였다.

90년대 중반에는 과거의 다양한 스타일이 복고풍으로 새롭게 재현되면서 50, 60년대의 과장된 아이라인이나 인조 속눈썹, 70, 80년대의 화려하고 드라마틱한 분위기의 인위적인 메이크업이 유행하였다. 또 한편으로 아프리카, 남미지역의 이국적이고 민속적인 감각의 에스닉풍 메이크업이 유행하였다.

90년대 후반, 세기말적인 분위기가 메이크업 경향에도 반영되어 미래를 향한 퓨처리즘(Futurism)을 소재로 펄과 글리터를 많이 사용하고 골드, 실버가 가미된 메탈릭한 색상들을 이용한 사이버 메이크업이 인기를 끌었다. 90년대는 전반에 걸쳐 다양성이 혼재되고 자신만의 개성이 돋보이는 독특한 '아방가르드' 한 메이크업도 속속 등장했다.

1990년대 메이크업

에콜로지 패션

힙합 패션

홀로그래픽 수트, 이세이 미야케

II

17) 2000년대

(1) 사회 · 문화적 배경

심각한 환경문제와 더불어 9.11테러 이후, 세계 곳곳에서 일어나는 크고 작은 테러의 공포 속에서 미국과 이라크 전쟁은 지구촌 전역에 긴장감을 고조시켰다. 세계적으로 고령화 현상이 두드러지고 노화에 대한 관심이 집중되면서 21세기는 현재의 젊음과 아름다움을 얼마나 오래도록 지속시킬 수 있나에 초점이 모아지고 있다. 또한 물질적 풍요로움보다 내적 아름다움과 정신건강을 우선시하고 개개인의 삶의 가치에 비중이 커지면서 동양의 선과 맞물려 의식주 모든 분야에서 '웰빙(Well-being)'이라는 새로운 유행을 이끌어냈다. 2000년대는 '감성의 시대'로 개인의 창의력이 각광받고 개성이 차별화되고 감성을 중요시하는 경향이 두드러졌다.

크리스찬 디올 메이크업 광고, 2003년

(2) 패션

무엇보다 자신에게 보다 더 큰 의미를 부여하고 자신만을 위한 다양한 개성연출을 우선시하면서 이제껏 시도된 다양한 트렌드(히피 룩, 에스닉 룩, 포스트모던 룩, 리트로 룩, 에콜로지 룩 등)들이 공존, 조화를 이루면서 전개되고 있다.

(3) 메이크업

90년대 후반 젊은 여성들 사이에서 크게 호응을 얻었던 투명 메이크업은 2000년대에 들어서면서 우러나오는 순수함, 극도의 자연스러움, 있는 그대로의 아름다움을 최대한 살려주는 보다 더 자연스러운 투명메이크업으로 대중적 인기를 끌고 있다. 물에서 느껴지는 투명감, 오일에서 느껴지는 윤기, 파우더에서 느껴지는 광택감 등 재질에 따라 빛에 반사되는 시각적인 효과가 다르고 이에 완성되는 메이크업의 질감이 부각되는 것이 특징이다. 또한 다양한 펄 제품을 이용하고 가볍고 부담 없는 질감으로 커버 가능한 제품, 여러 제품을 한 번에 사용할 수 있는 다양한 멀티 제품이 주목받고 있다. 반면, 눈을 강조하는 스모키 메이크업은 2000년대에는 더욱 부드럽고 다양한 컬러로 전개되고 있다.

크리스찬 디올 메이크업 광고, 2001년

빛의 반사를 이용한 투명메이크업은 얼굴에 촉촉함과 윤기, 빛의 반짝임을 부여하면서도 번들거리지 않게 한다. 피부표현은 도자기처럼 매끈하고 윤기가 도는 투명한 느낌으로, 또는 자연스럽고 은은한 펄감이 부여된 느낌으로 표현한다. 눈썹은 꾸미지 않은 자연스러움을 강조하여 본인의 눈썹 모양을 살려주고 짧고 도톰하게 다듬는 정도로 한다. 눈 화장과 블러셔는 밝은 베이지 톤이나 은은하고 사랑스러운 핑크톤 등 피부색과 잘 어울리는 한 가지 색상의 크림섀도우를 이용하고 마스카라와 아이라이너로 눈화장을 강조한다. 틴트 제품으로 입술중심에 색감을 살짝 부여하고 플럼핑 효과를 주는 립글로스를 발라 마무리한다.

III

메이크업 도구와 역할

메이크업 도구와 역할

메이크업을 할 때 창조력과 테크닉을 뒷받침 해주는 도구는 필수적인 부분이므로 여러 메이크업 도구의 역할과 사용법을 알아야 한다.

1. 메이크업 브러쉬

① 파운데이션 브러쉬(Foundation brush) : 메이크업 베이스나 파운데이션을 바를 때 사용하는 브러쉬로 탄력있는 합성모를 일반적으로 사용하며 부드럽고 자연스런 표현을 위해 천연모를 사용하기도 한다. 크림타입 치크 메이크업 제품이나 아트 메이크업용 라이닝 컬러를 표현할 때도 사용한다.

② 컨실러 브러쉬(Concealer brush) : 컨실러 제품을 사용할 때 브러쉬는 대체로 납작하고 탄력있는 합성모가 일반적이지만 눈에 자극이 없는 둥근 형태의 천연모를 사용하기도 한다.

③ 아이섀도우 브러쉬(Eyeshadow brush) : 아이섀도우 브러쉬의 종류는 베이스 컬러용, 메인 컬러용, 하이라이트용, 포인트 컬러용 등으로 다양한 호수를 준비하는 것이 깨끗하게 색을 표현하여 화장하는 방법이다. 둥글고 크며 넙적한 브러쉬는 눈꺼풀의 넓은 부위를 표현하는 베이스 컬러시 사용하는 것이 효과적이며, 작고 가는 납작한 브러쉬는 선명한 선을 표현하는 포인트 컬러시 사용하는 것이 좋다. 고품질의 브러쉬는 재료에 따라 담비털, 족제비털, 염소털, 오소리털, 합성섬유 등 여러 종류가 있다.

④ 아이라인 브러쉬(Eyeline brush) : 아이라인의 선을 섬세하고 깔끔하게 그리기 위해서는 숱이 작고 길이가 길며 뾰족한 아이라인브러쉬가 효과적이다. 케이크 아이라이너를 사용시 아이라인 브러쉬에 물이나 토너를 첨가하여 사용하므로 탄력있는 얇은 형태가 좋다.

⑤ 사선 눈썹 브러쉬(Angle brush) : 납작한 사선 형태이므로 좁은 부위인 눈썹 부위의 선을 세심히 메꾸며 헤어의 결을 살려 표현하기에 적합하다. 탄력 있으며 부드러운 담비털이나 뻣뻣한 돼지털로 만들어진 것이 있다.

⑥ 스크루 브러쉬(Screw brush) : 눈썹색이 너무 짙게 표현되었을 때 빗어서 색을 옅게 하거나 눈썹결을 정리해주는 브러쉬이다. 또한 마스카라가 뭉쳐지게 발라졌을 때 가볍게 빗어주는 역할을 한다.

⑦ 아이브로우 콤 브러쉬(Eyebrow comb brush) : 헤어가 있는 방향의 브러쉬는 눈썹색의 농도 조절, 방향, 형태를 정리할 때 사용하며, 프라스틱 빗형태로는 눈썹 길이를 체크하여 고르게 컷팅할 때, 마스카라 사용 후 눈썹이 뭉쳐 엉겨붙지 않게 빗어주는 역할을 한다.

⑧ 페이스 브러쉬(Face brush) : 메이크업 브러쉬 중 가장 크고 부드러운 브러쉬로 퍼프대신 파우더를 소량 바를 때 블러셔용으로도 사용한다. 과다한 파우더를 털어낼 때에도 사용한다.

⑨ 팬 브러쉬(Fan brush) : 파우더를 바른 후 남은 여분의 파우더를 털어내거나 눈밑에 아이 섀도우가 떨어지는 것을 방지하기 위해 파우더를 얹을 때도 사용하는 부채꼴 모양으로 생긴 브러쉬이다.

⑩ 립브러쉬(Lip brush) : 민감한 부위이므로 부드럽고 탄력있는 담비털과 같은 소재가 좋다. 끝이 둥근 라운드형 브러쉬는 곡선적인 입술을 그릴 때, 스트레이트형 브러쉬는 각진 입술과 구각을 그릴 때 편리하다.

⑪ 블러셔용 브러쉬(Blush brush) : 혈색 부여와 윤곽 수정을 목적으로 하며 넓은 피부부위에 사용하므로 부드러운 고급 천연모의 염소털, 담비털등을 사용한 것이 좋다. 볼의 넓은 부위를 자연스럽게 바를 때는 둥글고 큰 브러쉬를 사용하며, 끝이 수평으로 잘린 둥근 형태는 강하고 균일하며 정확한 색상표현을 하고자 할 때 즉, 엔젤 치크(angel cheek), 인형의 볼 메이크업을 할 때 사용한다. 사선 형태의 브러쉬는 안면 윤곽수정시 적합한 브러쉬이다.

①
②
③
④
⑤
⑥
⑦
⑧
⑨
⑩
⑪
3N MAKE UP FOR EVER PROFESSIONAL
20 S MAKE UP FOR EVER PROFESSIONAL

2. 기타 메이크업 도구

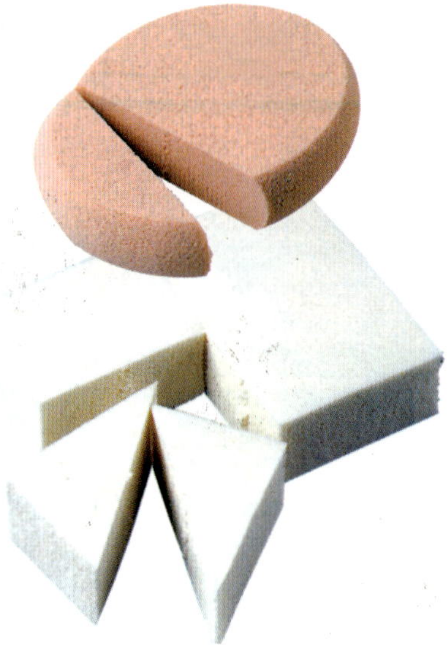

① 스펀지(Sponge)

파운데이션이나 베이스 등을 쉽게 펴 바를 때 사용한다. 스펀지 종류에는 라텍스 스펀지(latex sponge), 합성 스펀지(complex sponge), 해면 스펀지(sea sponge)가 있으며 모양도 여러 종류가 있다.

메이크업 부위에 맞춰 잘라 쓰기도 하며 사용 후 가위로 잘라 내거나 세척하여 사용한다.

② 파우더 퍼프(Powder Puff)

페이스 파우더를 바를 때 사용하는 분첩이며 면퍼프가 부드럽고 뭉치지 않게 발려진다.

퍼프는 모델의 얼굴과 메이크업 아티스트의 손이 접촉되어 일어나는 화장의 흐트러짐이나 비위생적인 문제점을 방지하는 역할을 한다.

사용 후 미지근한 물의 중성세제를 이용하여 형태를 유지하면서 세척하며 마른 타월이나 조이타월 위에서 건조한다. 한 테마의 메이크업을 할 때 퍼프는 2개 이상 준비한다.

③ 눈썹 정리용 커터(Cutter)

눈썹을 정리하는 전용 칼로서 눈썹이 난 방향과 반대로 컷팅하며 소모품이다.

④ 수정 가위

눈썹 수정시 불필요한 눈썹을 잘라내거나 인조속눈썹을 다듬거나 잘라낼 때 사용된다.

⑤ 족집게(Tweezer)

수평인 족집게, 끝이 경사진 족집게가 있으나 경사진 형태가 사용이 용이하다. 머리카락을 제거하거나 눈썹정리시 인조속눈썹을 붙일 때에도 사용하는 도구이다.

⑥ **화장솜**

화장솜은 토너 등의 화장수를 바를 때나 피부 표면의 각질 제거, 아이 섀도우, 립스틱, 마스카라 등 포인트 메이크업을 지우는 역할도 한다.

⑦ **티슈 페이퍼**

피부에 피지나 크림 등의 유분기를 제거하거나 아이 섀도우, 파우더의 농도 조절, 브러쉬에 묻은 아이 섀도우 컬러의 농도 조절, 립컬러를 바르고 고착시키기 위해 누를 때 사용하는 등 메이크업에 없어서는 안되는 도구이다.

⑧ **면봉**

메이크업을 깔끔하게 유지할 수 있도록 하므로 항상 준비한다. 양쪽 눈 끝이나 언더라인을 깨끗하게 해주거나 섀도우를 자연스럽게 펴주며 잘못된 립스틱을 수정, 아이라인이나 마스카라가 잘못되었을 때에도 수정시 사용된다.

⑨ **스파출라(Spartular)**

스테인레스 스틸이나 플라스틱으로 된 것이 있으며, 립스틱, 크림, 파운데이션 등을 용기에서 덜어내어 위생적으로 사용할 수 있다. 색상을 섞거나 농도를 조절할 때도 사용된다.

⑩ **파렛트(Palette)**

파운데이션, 립스틱, 크림타입 컬러 등 기타 다른 재료를 혼합할 때 사용되는데 섞기가 용이하고 위생적이다. 스테인레스 스틸이나 종이, 고무로 된 재질이 있다.

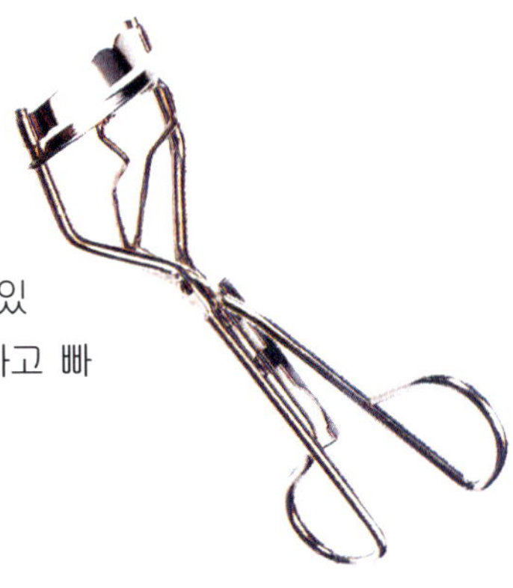

⑪ **아이래쉬 컬러(Eyelash Curler)**

속눈썹에 자연스러운 컬을 주어 곡선으로 올려주는 기구로서 고무에 탄력이 있는 스테인레스 스틸 제품을 사용하는 것이 좋다. 충전식 눈썹 고데기로 간편하고 빠르게 효과를 볼 수 있는 제품도 있다.

MAKE UP IDEA MAKE UP IDEA MAKE UP IDEA MAKE UP IDEA MAKE UP IDEA MAKE UP IDEA MAKE UP IDEA MAKE UP IDEA MAKE UP IDEA

IV

메이크업의 기본요소

E UP IDEA MAKE UP IDEA MAKE UP IDEA MAKE UP IDEA MAKE UP IDEA MAKE UP IDEA MAKE UP IDEA MAKE UP IDEA MAKE UP IDEA MAKE UP

IV

메이크업의 기본요소

1. 메이크업의 자세

메이크업을 할 때 시술자는 에이프런을 두르고 모델에게는 어깨보를 씌우며 머리에는 헤어핀을 하고 실시하는 것이 색소가 많은 메이크업 제품에 의해 옷이 더럽혀지지 않으며 보기에도 위생적인 태도이다.

또한 세 방향에서 조명이 고르게 비춰지는 메이크업대에서 시술자가 허리를 굽히지 않는 높이의 메이크업 의자에 모델이 앉혀진 상태에서 실시하는 것이 피로도를 줄일 수 있어 바람직하다.

메이크업 할 때는 손목에 힘을 빼고 유연하게 선의 강약조절을 해야 하며, 도구는 청결하게 관리해야 전문가다운 자세라고 할 수 있다.

2. 골격과 페이스 프로포션 (Face proportion)

1) 골 격

메이크업을 하기 전에 골격과 근육에 대한 이해가 필요하다.

입체적인 메이크업을 하기 위해서는 인간의 두개골을 잘 파악하여 전두골, 관골, 상악골, 하악골, 비골과 같이 상대적으로 나온 부분과 안와, 측두골(temporal)이라고 하는 관자놀이, 관골과 하악골이 만나는 하악골의 근돌기와 같이 상대적으로 들어간 부분을 이해하여 색채의 명암을 활용해 표현함으로써 보다 입체적인 메이크업이 가능해진다.

젊은이는 탄력있는 근육을 지니고 있으며 나이가 들어감에 따라 근육의 탄력도와 긴장이 떨어지고 주름이 발생하며 그림과 같이 들어간 부분은 더욱 깊이 있게 패이는 모습을 갖게 된다.

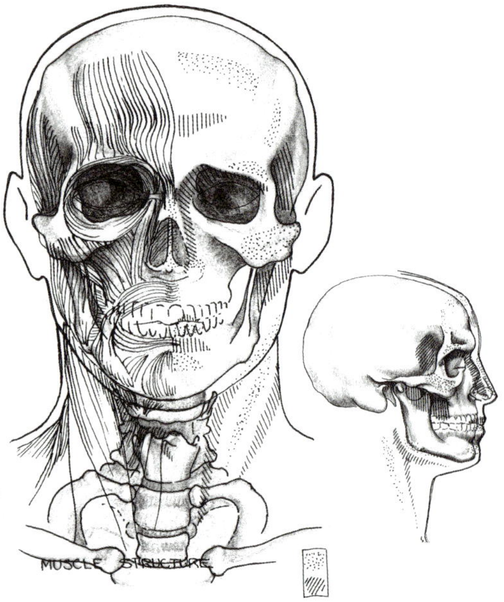

골격과 근육

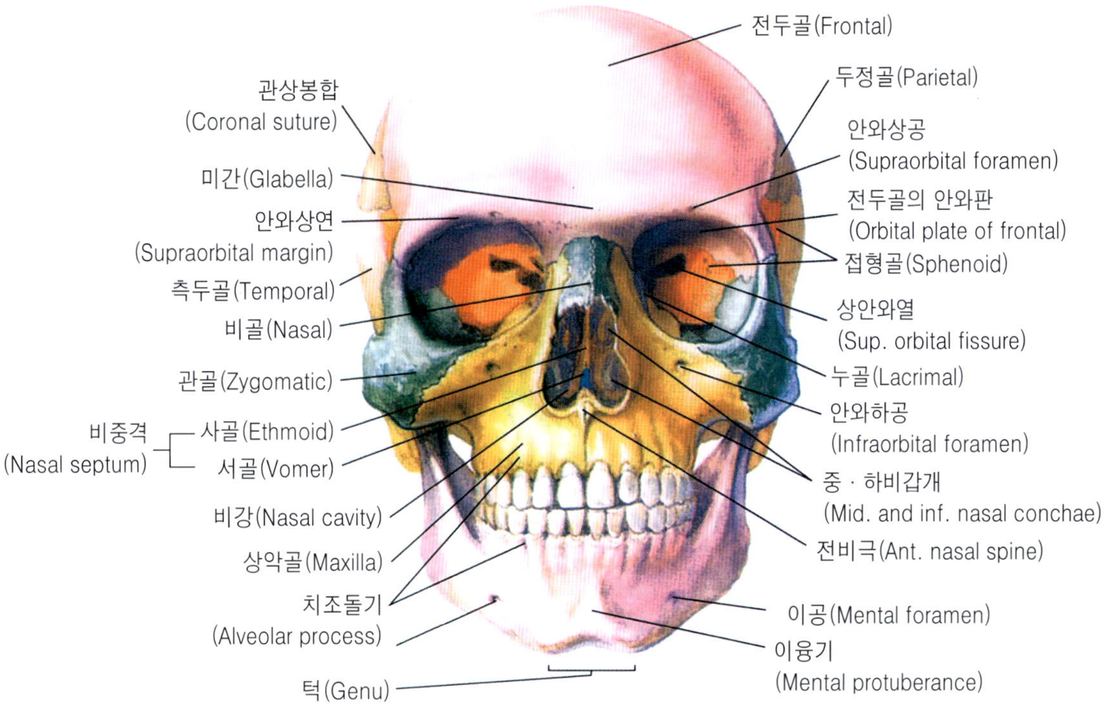

전두골(Frontal)
관상봉합
(Coronal suture)
두정골(Parietal)
안와상공
(Supraorbital foramen)
미간(Glabella)
전두골의 안와판
(Orbital plate of frontal)
안와상연
(Supraorbital margin)
접형골(Sphenoid)
측두골(Temporal)
상안와열
(Sup. orbital fissure)
비골(Nasal)
누골(Lacrimal)
관골(Zygomatic)
안와하공
(Infraorbital foramen)
비중격
(Nasal septum)
사골(Ethmoid)
서골(Vomer)
중 · 하비갑개
(Mid. and inf. nasal conchae)
비강(Nasal cavity)
전비극(Ant. nasal spine)
상악골(Maxilla)
치조돌기
(Alveolar process)
이공(Mental foramen)
이융기
(Mental protuberance)
턱(Genu)

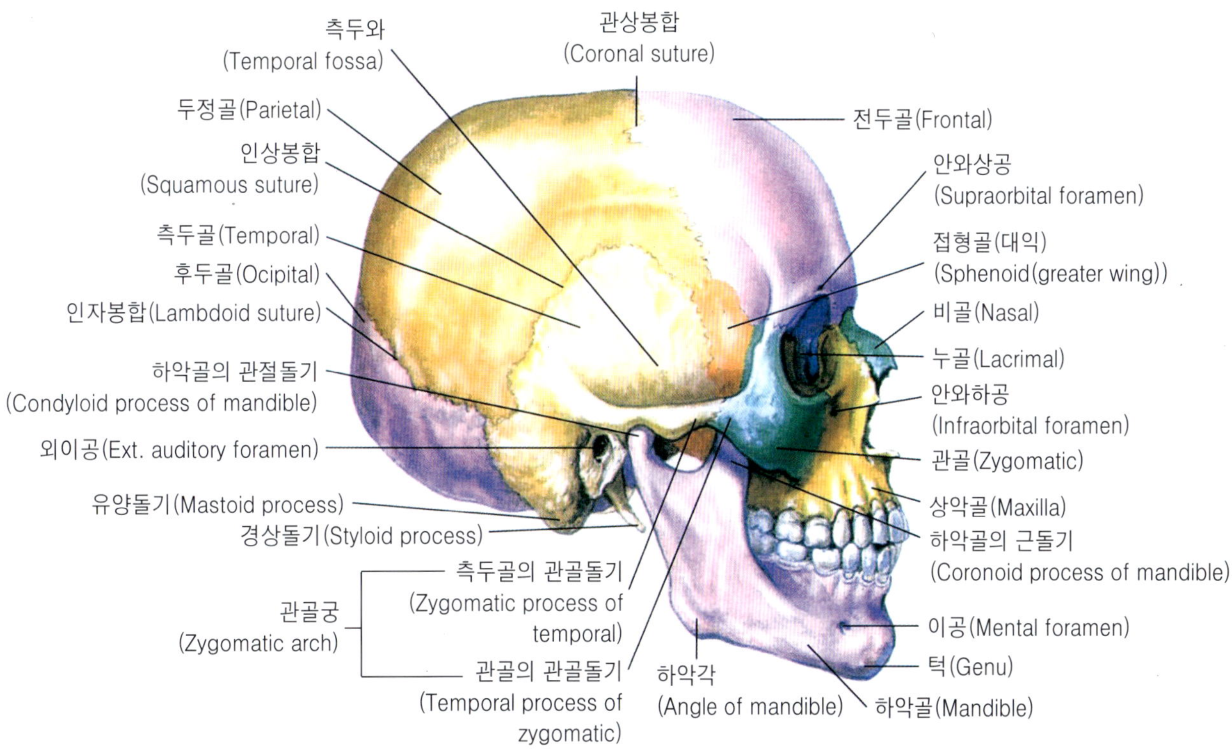

측두와
(Temporal fossa)
관상봉합
(Coronal suture)
두정골(Parietal)
전두골(Frontal)
인상봉합
(Squamous suture)
안와상공
(Supraorbital foramen)
측두골(Temporal)
접형골(대익)
(Sphenoid(greater wing))
후두골(Ocipital)
인자봉합(Lambdoid suture)
비골(Nasal)
누골(Lacrimal)
하악골의 관절돌기
(Condyloid process of mandible)
안와하공
(Infraorbital foramen)
외이공(Ext. auditory foramen)
관골(Zygomatic)
유양돌기(Mastoid process)
상악골(Maxilla)
경상돌기(Styloid process)
하악골의 근돌기
(Coronoid process of mandible)
측두골의 관골돌기
(Zygomatic process of temporal)
관골궁
(Zygomatic arch)
이공(Mental foramen)
관골의 관골돌기
(Temporal process of zygomatic)
턱(Genu)
하악각
(Angle of mandible)
하악골(Mandible)

두개골 정 · 측면

2) 이상적인 얼굴의 균형도 (Face Proportion)

메이크업 작업시 얼굴의 이상적인 균형을 잘 파악하여 적용하며 이를 바탕으로 개성적 표현도 더하여 아름다운 비례의 모습으로 변화시킬 수 있다.

(1) 얼굴의 폭

눈의 가로 폭을 1로 하여 귀에서 눈꼬리까지, 눈꼬리에서 눈앞머리, 눈과 눈 사이 간격이 동일하여 전체 폭은 5이다.

(2) 얼굴의 길이

전체적으로 3등분하여 헤어라인에서 눈썹라인까지, 눈썹에서 코끝선까지, 코끝에서 턱선까지의 간격이 같아야 한다.

(3) 입 술

입술의 가로 길이는 두 눈동자의 안쪽을 지나는 수직선보다 크지 않으며 눈의 가로 길이의 1.5배 정도이다. 입술의 가로와 세로의 비율은 3:1이다.

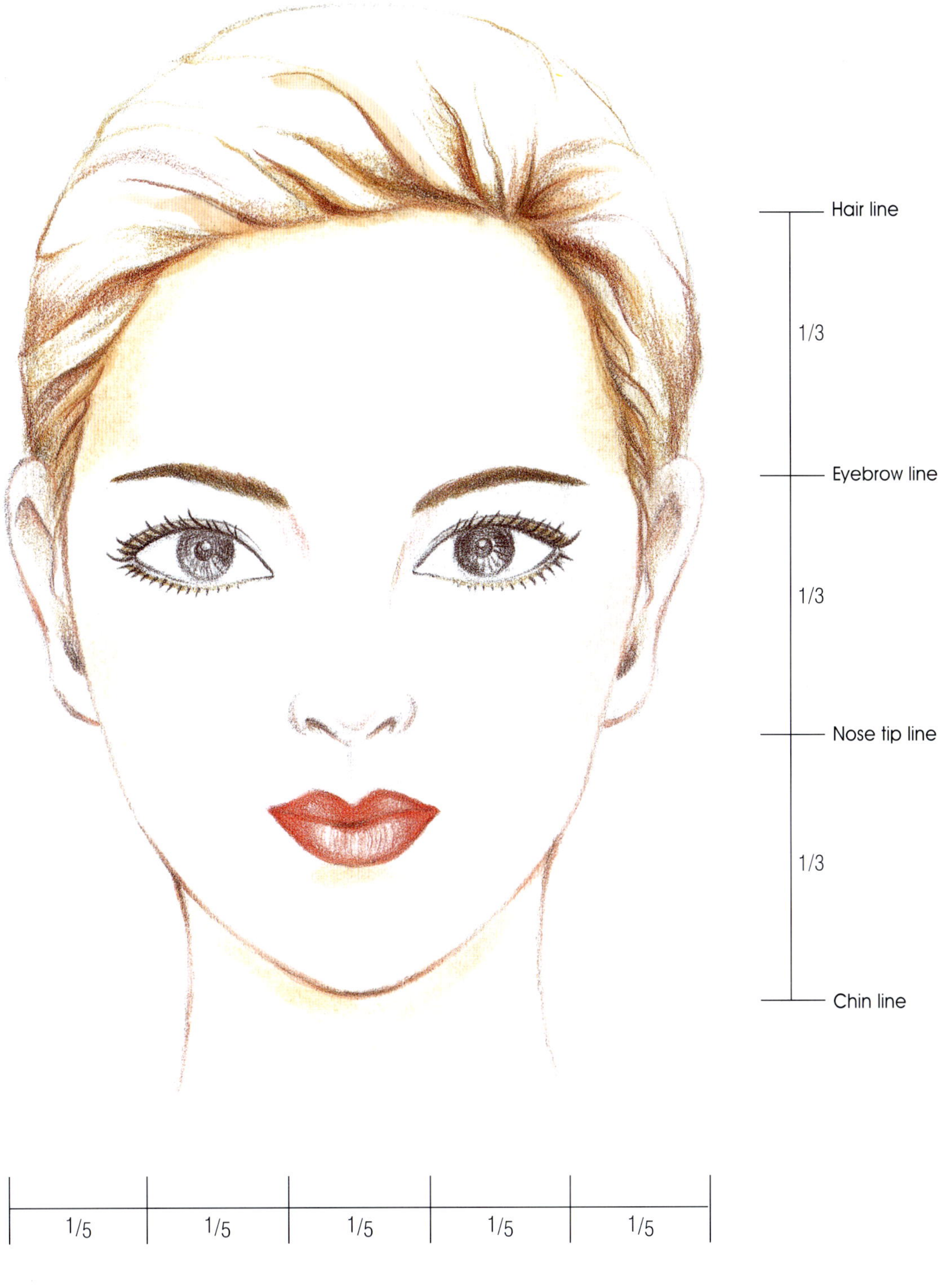
Hair line
1/3
Eyebrow line
1/3
Nose tip line
1/3
Chin line
1/5
1/5
1/5
1/5
1/5

3. 색 채

1) 색의 정의

우리가 색을 지각할 수 있는 것은 물체에 빛이 닿아 반사되면서 색을 지각하게 되는 것이다. 물건을 구입할 때 여러 요소 중에서 가장 먼저 눈에 들어오는 것이 '색채'인 만큼 색은 디자인이 중시되는 현대에 디자인 구성 요소로서 중요시되므로 효과적인 색채의 사용법을 터득하는 것은 굿 디자인(good design)을 하는 지름길이 되는 것이며 이는 기본적인 색의 이해에서 이루어진다.

2) 색의 종류

색의 기미를 중심으로 구별하면 흰색, 회색, 검정과 같이 색 구별이 되지 않고 밝고 어두움만을 갖는 무채색과 빨강, 파랑, 노랑 등과 같이 색채를 구별할 수 있는 유채색의 두가지로 나누어진다.

무채색은 명도의 속성을 가지며, 유채색도 명도 속성을 지녀서 예를 들어 노랑은 빨강보다 고명도이다. 또한 유채색에는 빨강, 노랑, 녹색, 파랑, 보라와 같이 색에 특성을 부여하는 색상이라는 성질이 있으며, 색의 선명하고 탁한 정도에 따라 채도의 특성도 있다.

즉 유채색은 색상, 명도, 채도 색의 3속성을 모두 가지고 있으나 무채색은 명도의 속성만을 가지고 있다.

3) 색의 삼속성과 톤

색의 세 가지 중요한 특성은 색상, 명도, 채도이다.

일반적으로 색상은 150종류, 명도는 200단계, 채도는 20단계까지 식별이 가능하며 메이크업에서는 특히 색상과 명도단계를 우선적으로 고려해야 한다.

(1) 색상(Hue)

색상환에서 보여지는 빨강, 노랑, 파랑 등과 같이 다른 색과 구별되는 색의 고유한 명칭을 말한다. 색상환에서 이웃하는 색을 유사색이라고 하며 서로 180도 각도에 있는 색을 보색, 보색 주변의 색을 반대색이라고 한다. 색료의 혼합에서 보색관계의 두 색을 혼합하면 검정에 가까운 색이 되므로 메이크업시 고려한다.

색상은 'H'로 표시하며, 색상은 유채색에만 있고 무채색에는 없다.

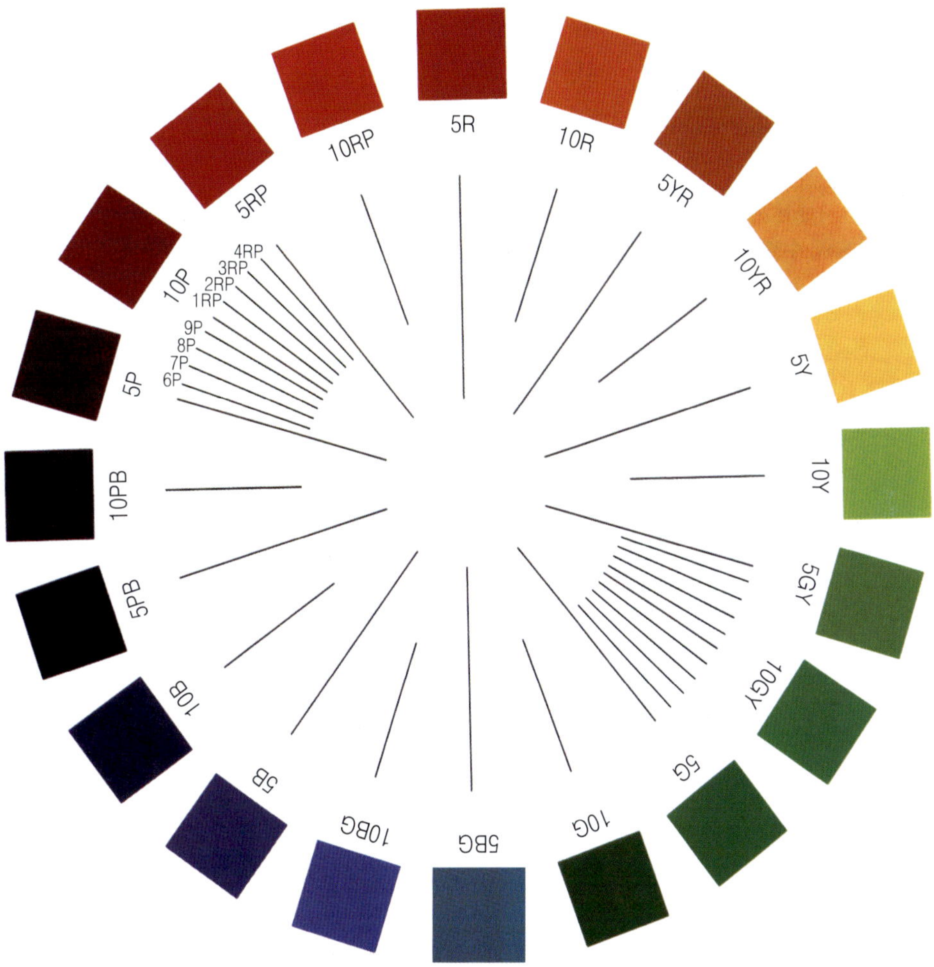

먼셀의 20색상환

(2) 명도(Value 또는 Lightness)

색의 밝고 어두운 정도로서 색의 밝기를 말한다. 검정은 저명도, 회색은 중명도, 흰색은 고명도이며, 명도는 'V'로 표시하고 검정(명도 N1.5)에서 흰색(명도 N9.5)까지 10단계로 나누어진다.

(3) 채도(Chroma 또는 Saturation)

색의 순수하고 탁한 정도로서 색의 순도 혹은 포화도를 말한다. 채도가 가장 높은 색을 순색 혹은 원색(Vivid)이라고 한다. 순색에 무채색이 많이 포함될수록 순도가 낮아져서 저채도가 되며, 순색에 무채색의 양이 적을수록 포화도가 커져서 고채도가 된다. 즉 예를 들어 빨강과 같이 고채도의 색에 흰색이 섞이면 혼합양의 정도에 따라 진분홍, 분홍, 연분홍으로 변화되면서 점점 고채도, 중채도, 저채도로 채도가 떨어지게 된다. 채도는 1에서 14단계로 구분되며 숫자가 높을수록 채도가 높아진다.

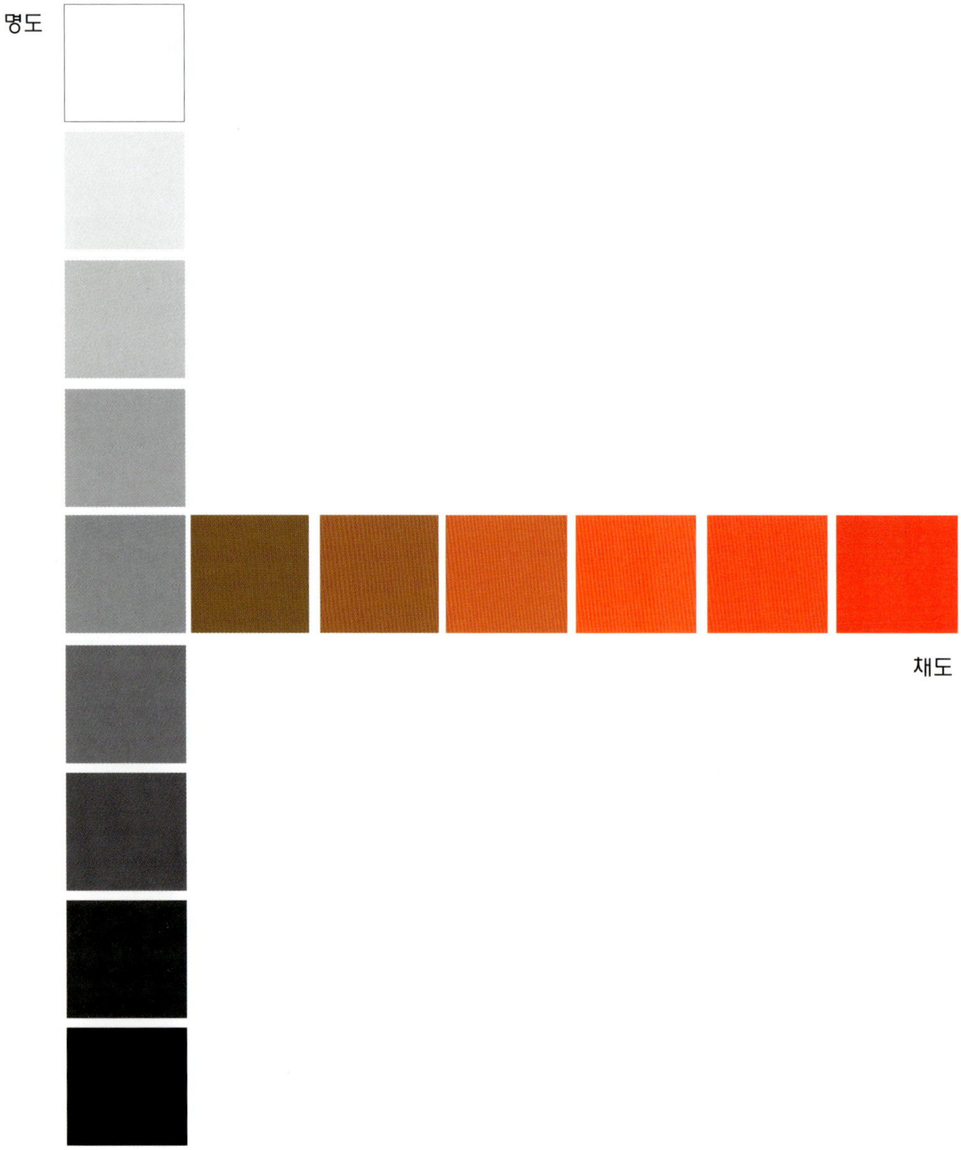

(4) 톤(Tone)

명도와 채도 개념이 합해진 것이 톤이다.

메이크업시 같은 색상이라도 톤의 변화를 주면 다른 이미지의 색감을 가지므로 메이크업을 할 때 톤의 이미지를 잘 파악하여 적용하여야 한다.

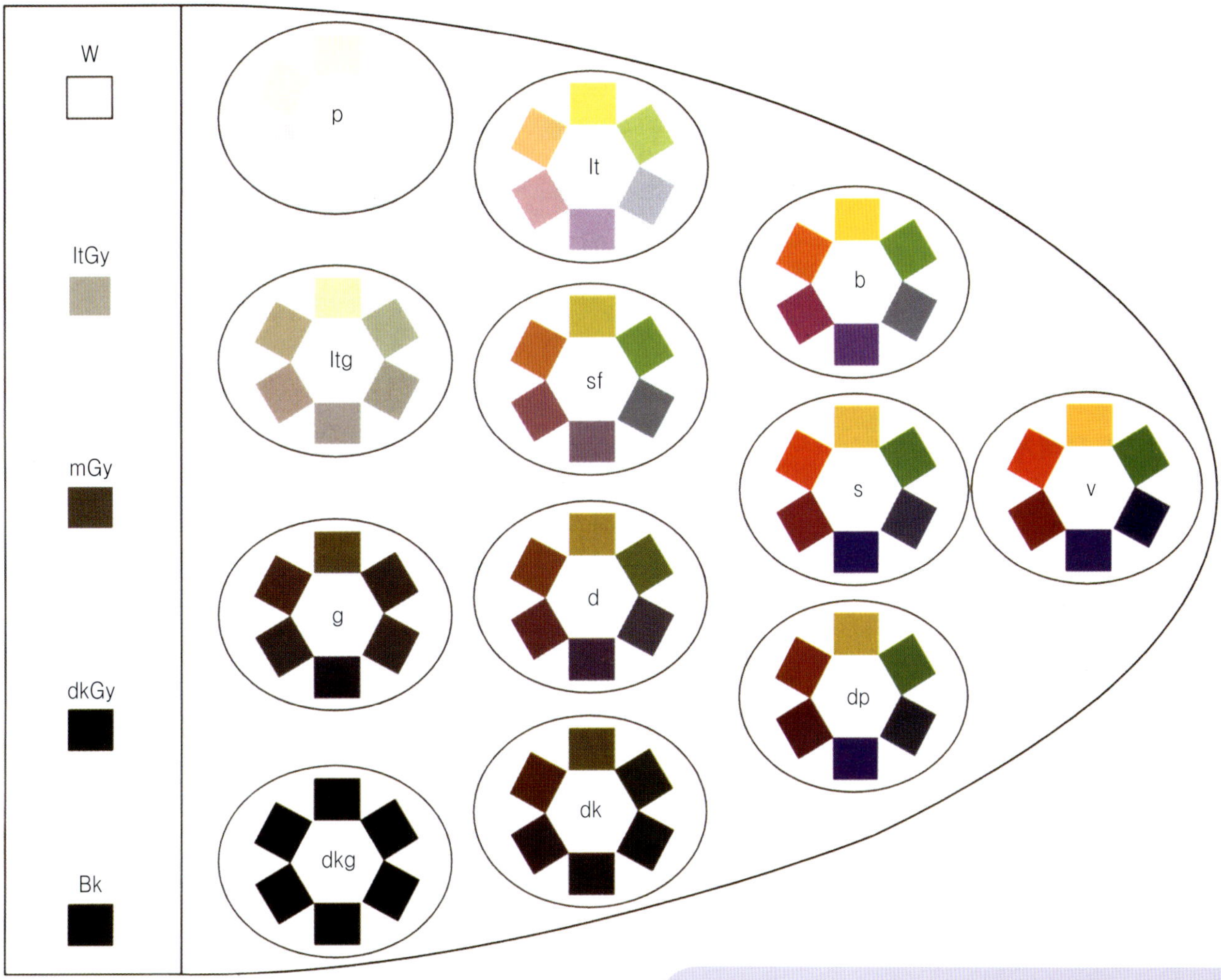

Pale : 고명도 저채도의 톤으로 연약하고 부드러우며 가벼운 이미지
Vivid : 중명도 고채도의 톤으로 화려하고 생기있으며 강한 이미지
Deep : 저명도 중채도로 깊이있고 중후하며 안정감을 주는 이미지
Grayish: 중명도 저채도로 모던하며 세련된 이미지

4) 색의 연상이미지

빨강(R) : 정열, 호화로움, 에너지, 혁명, 정지, 금지

주황(YR) : 따뜻함, 희망, 약동, 활력, 만족, 적극

노랑(Y) : 활기, 명랑, 생동, 즐거움, 주의

연두(GY) : 휴식, 편안함, 신선함, 위안, 피로회복

초록(G) : 평화, 건강, 휴식, 안전, 균형

청록(BG) : 이지, 심미, 긴장완화, 보석, 청춘

파랑(B) : 상쾌, 신선, 차가움, 냉정, 신비로움, 희망, 청결, 자유

남색(PB) : 심원, 진정, 정숙, 고독, 신비

보라(P) : 우아, 화려, 풍부, 고독, 고상함, 고전, 환상

자주(RP) : 신비, 환상, 애정, 사랑, 성, 매혹적인, 멋진, 여성적, 우울증

흰색(Wh) : 순수, 청결, 위생, 소박, 순결, 신성, 정직, 고독, 공허

회색(Gy) : 겸손, 우울, 중성, 세련, 지성, 성숙, 독립성

검정(Bk) : 허무, 절망, 침묵, 권위, 종교적, 편안함, 신비감

5) 색의 심리 효과

(1) 색의 온도감

색에 따라 느껴지는 온도감은 다르게 나타나는데 빨강, 주황, 노랑은 난색계로서 따뜻하게 느껴지며, 파랑, 청록은 한색계로서 차갑게 느껴지는 색이다. 색상환에서 나머지 색들은 중성색과 무채색으로 한난의 감정이 없는 색들이다.

(2) 진출과 후퇴 · 흥분과 침착

한색이면서 저명도, 저채도의 색은 수축, 후퇴되어 보이며 또한 흥분을 가라앉히는 진정색 · 침정색의 역할을 한다.

난색이면서 고명도, 고채도의 색은 팽창, 진출되어 보이며 긴장, 흥분감과 자극을 전달하므로 주로 강조색으로 사용한다.

(3) 화려함과 소박함

채도가 높은 색은 화려하며 채도가 낮은 색은 소박한 느낌을 전달하므로 화려함은 채도와 관련이 있다.

6) 배색

메이크업을 할 때 얼굴에서 두 가지 이상의 색이 조화를 이루는데 이것을 배색이라고 하며 피부색과 입술색, 아이섀도우 등의 배색의 조화를 고려하여야 한다.

(1) 동일배색

한가지의 동일한 색에 흰색, 회색, 검정을 섞어 명도와 채도의 변화를 준 배색으로 자연스러운 이미지이다.

(2) 유사배색

색상환에서 한가지색을 중심으로 45° 사이에 인접한 컬러와의 배색으로 무난한 이미지이다.

(3) 보색배색

색상환에서 180°로 마주보는 각도에 있는 컬러의 조화로 생동감과 강조의 이미지를 부여한다.

(4) 그라데이션(Gradation)배색

그라데이션은 '서서히 변화하는 것', '단계적인 변화'라는 뜻으로 그라데이션배색에는 색상 중심, 채도 중심, 명도 중심의 그라데이션배색으로 나눌 수 있으며 리듬감을 준다. 예를 들어 색상 중심은 색상환의 빨강, 노랑, 녹색, 파랑, 보라의 순서대로 배색이 된 경우이며, 채도 중심은 저채도에서 중채도, 고채도로 점진적인 채도변화를 준 배색이다. 또한 명도 중심은 저명도에서 중명도, 고명도로 점진적인 명도변화를 준 배색이다.

(5) 세퍼레이션(Separation)배색

비슷한 명도나 채도, 색상들이 모여 모호하게 분포하거나 색간의 이미지가 강해 조화롭지 않고 충돌이 일어날 때 색을 분리시키는 효과를 주어 정돈되며 생동감을 주는 배색으로서 대체로 분리되는 색과 명도 차가 큰 무채색 또는 무채색에 가까운 색을 넣어 조화롭게 한다.

(6) 액센트(Accent)배색

유사한 색상이나 톤으로 주조 배색을 하면서 강조될 수 있는 포인트 컬러를 더하여 생기와 강조, 세련된 이미지를 주는 배색이다.

(7) 톤 온 톤(Tone on Tone)배색

색상은 동일하거나 유사하면서 톤의 차이로써 조합한 배색이다. 동일 색상에서 명도나 채도를 변화시킴으로써 세련되고 자연스럽게 정돈된 이미지를 주어 일반적으로 선호하는 배색방법이다.

(8) 톤 인 톤(Tone in Tone)배색

유사하거나 동일한 톤 안에서 다양한 컬러들의 배색이다. 전체를 선명하게 통일한다거나 전체적으로 연한 색을 사용하는 등 비슷한 톤의 색으로 구성된 배색을 말한다. 명도 차나 채도 차 등의 톤 차이가 작도록 선택하여 배색함으로써 통일감안에서 미묘한 이미지의 변화를 주는 배색이다.

7) 색과 조명

메이크업은 자연광선과 인공조명에 따라 표현한 색채의 결과가 달라지는데 메이크업 본래의 색상 그대로를 표현해주는 자연 광선이 가장 이상적이지만 실내에서는 인공조명을 피할 수 없으므로 메이크업 아티스트는 먼저 조명에 따른 색채의 변화를 이해하고 고려하여 메이크업을 실시하여야 한다.

백열등은 레드, 베이지, 브라운, 핑크 등 따뜻한 톤의 색을 더욱 강하게 보이도록 하며 그린, 블루, 퍼플은 중화되어 색감이 잘 드러나지 않고 파리해 보인다.

형광등은 백열등에 비해 푸르스름해 보여서 난색계열의 색은 잘 드러나지 않으므로 메이크업시 더욱 강조해서 표현하는 것이 좋다. 어두운 베이지 파운데이션은 더욱 진하게 표현되며 푸른색 아이섀도우는 청보라로 보이고 회색은 더욱 진하게 나타난다.

자연광

백열등

형광등

8) 퍼스널 컬러

퍼스널 컬러는 20세기에 시작된 이론으로서 시즈널 컬러 시스템(seasonal color system)으로 미국에서 개발되어 계속 활용되다가 캐롤 잭슨의 'color me beautiful'(1981)에 소개되어 대중화되었다.

퍼스널 컬러 시스템은 다인종국가인 미국처럼 피부의 색, 머리카락 색, 눈동자 색에 따라 어울리는 컬러 그룹을 결정하여 조화로운 색을 찾는 시스템으로서 개인에게 어울리는 색을 매우 친숙한 계절의 이름을 빌려 패턴화한 것이다.

(1) Spring

- 이미지 : warm soft
- 피부색 및 신체 특징 : yellow base의 밝거나 보통 명도의 투명하고 윤기있는 피부색을 지닌 밝고 생생한 사람이다.
  블론디나 갈색의 머리카락색에 밝은 갈색의 눈을 지닌 사람이 이 타입에 속한다.
- 대표적인 색 : 노란 기미를 띠는 고명도 · 중명도, 고채도의 색 그룹
  라이트 옐로우, 오렌지 레드, 산호색, 연두색 등

(2) Summer

- 이미지 : cool soft
- 피부색 및 신체 특징 : blue base의 창백하면서 희거나 로즈계열의 어두우면서 붉은 피부색을 지닌 섬세하고 온화하며 부드러운 이미지를 지닌 사람이다.
  갈색이나 회색의 머리카락색에 블루 혹은 그레이 컬러의 눈동자를 지닌 사람이 이 타입에 속한다.
- 대표적인 색 : 푸른 기미를 띠는 고명도·저채도의 소프트한 색 그룹
  페일 레몬, 스카이 블루, 쿨톤의 라이트 핑크, 라이트 블루그린

(3) Autumn

- 이미지 : **warm hard**
- 피부색 및 신체 특징 : yellow base의 약간 어두운 오우커(ocher) 피부색을 지니며 잡티, 기미가 잘 생기는 윤기가 없는 피부를 지닌 사람이다.
  머리카락색과 눈동자색은 밝은 갈색이나 다크 브라운 컬러의 윤기 없고 푸석함을 지닌 사람이 이 타입에 속한다.
- 대표적인 색 : 노란 기미를 띠는 중·저명도, 저채도의 깊이있는 가을 이미지의 컬러 그룹
  머스타드, 테라코타, 카키, 딥그린, 딥톤의 옐로우레드

(4) Winter

- 이미지 : cool hard
- 피부색 및 신체 특징 : blue base의 밝거나 로즈계열의 붉은 피부색을 띠며 윤기가 있는 도시적이고 샤프한 느낌의 이목구비가 확실한 이미지의 사람이다.
  머리카락색은 검정, 눈동자색은 검정이나 짙은 갈색으로 피부색과 대비되어 개성적이고 차가운 이미지가 강하다.
- 대표적인 색 : 푸른 기미를 띠는 고·저명도의 명도 대비가 강한 색이나 고채도의 선명한 비비드 컬러 그룹이다.
  쿨톤의 비비드레드, 핑크, 비비드그린, 로열블루

4. 명 암

빛의 명암을 바탕으로 모델의 얼굴 윤곽을 살펴 골격 구조를 파악하면서 메이크업 제품의 명도 변화를 반영하면 이목구비가 또렷한 입체적인 얼굴, 계란형의 얼굴형으로 보정할 수 있다.

베이스(base)는 피부색과 유사한 색으로 얼굴 전체, 손, 목 등의 노출된 피부에 사용한다.

쉐이딩(shading) 혹은 컨투어링(contouring)은 베이스보다 2~3단계 더 어두운 색상을 사용하여 헤어라인 주변, 코벽, 관골 아래 부분에 발라서 들어가 보이거나 축소되어 보이는 효과를 준다. 쉐이딩 컬러는 베이스가 되는 피부색을 기준으로 하여 백인은 라이트 브라운, 흑인은 다크 브라운, 동양인은 미디움 브라운 등으로 인종에 따라 다르게 적용해야 하며 쉐이딩의 적절한 명도는 1~2m 거리를 둔 상태에서 음영이 자연스럽게 보이는 정도이면 된다.

하이라이트(highlight)는 베이스보다 2~3단계 더 밝은 색상을 사용하여 이마, 콧대, 눈밑, 관골 위쪽에 발라서 돌출되어 두드러져 보이며 그 외의 피부는 상대적으로 들어가 보이는 효과를 준다. 하이라이트 컬러는 베이스가 되는 피부색을 기준으로 해야 하는데 밝은 피부색은 흰색을 혼합하여 만들며 약간 어두운 피부는 밝은 노랑색을 혼합하여 만든다.

IV

1) 하이라이트 표현 부위

- 이마의 중앙부위
- 눈썹뼈 부위
- 콧대와 콧망울의 윗 부위
- 눈의 아래 볼 부위
- 관골의 윗 부위
- 아랫입술의 중앙부위
- 구각의 양 옆부위
- 턱의 중앙부위

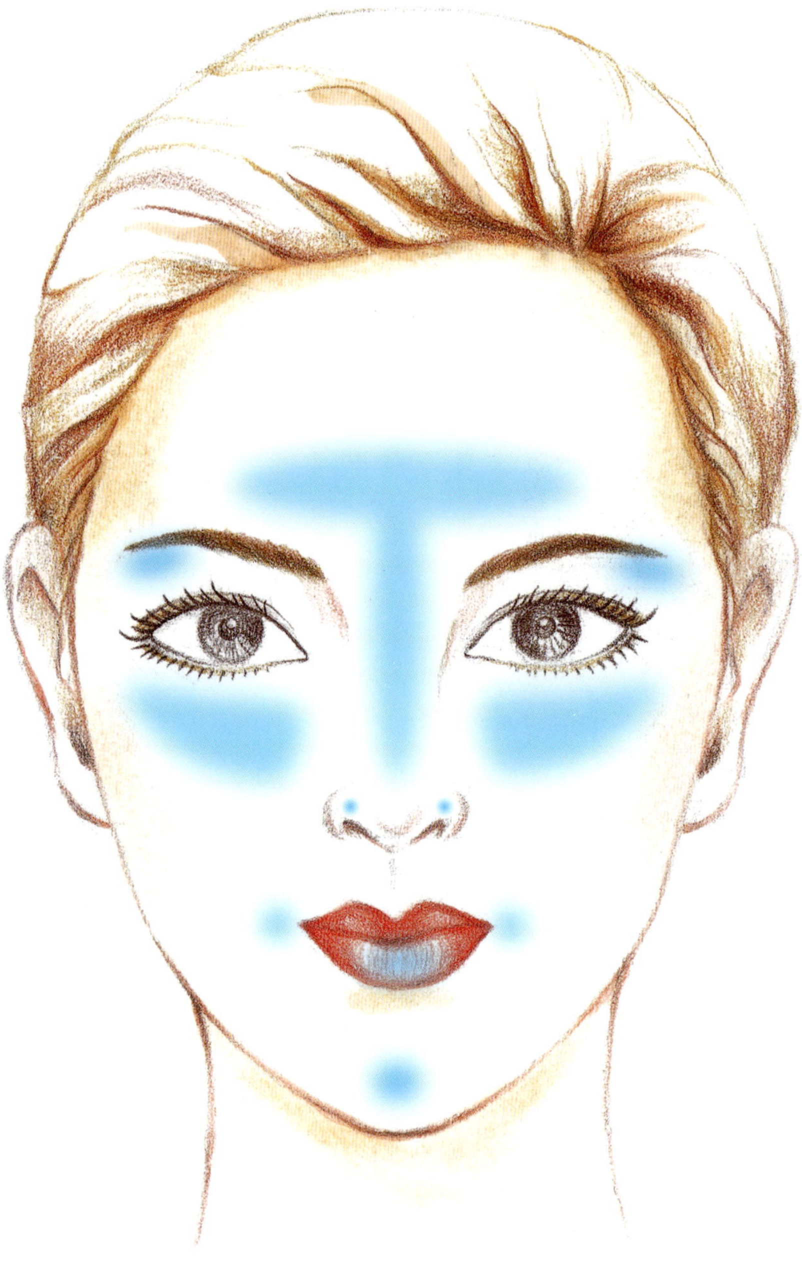

2) 쉐이딩 표현 부위

- 헤어라인 주변 부위
- 관자놀이(temple) 부위
- 코벽
- 눈의 아이 홀(eye hole)
- 관골 아래부위
- 윗입술 부위
- 아랫입술 밑 부위
- 귀밑에서 턱뼈까지의 부위

5. 질 감

메이크업에서 다양한 질감 표현은 형태, 색채와 더불어 이미지를 결정하는 중요한 요소로서 작용한다.

메이크업의 질감표현 종류에는 매트(matt), 모이스춰(moisture), 폴리쉬(polished), 글로시(glossy), 듀이(dewy), 쉬머(shimmer), 메탈릭(metalic) 룩이 있다.

'매트'는 파우더로 마무리했을 때의 보송보송하고 약간 건조하면서 광택이 없는 석고상 같은 아름다움을 전달하고 피부와 눈화장, 입술의 질감 표현에 사용된다.

'모이스춰'는 물기어린 듯한 촉촉하고 부드러운 윤기와 광택, 즉 피부 표현시 수분기의 광택으로 사용되는 질감으로서 아기와 같은 피부로 보여지게 하는 의도된 누드 메이크업 방법이다.

'폴리쉬'는 모이스춰의 촉촉한 윤기와는 또 다른 질감으로서 약간 피부 커버력이 더 있는 도자기같은 매끄러운 윤기를 표현한다.

'글로시'는 촉촉하고 윤기 있으나 유분기의 오일광택으로 피부와 입술, 눈 화장의 질감 표현에 사용된다.

'듀이'는 이슬을 머금은 듯한 수분의 촉촉함과 유분의 광택이 함께 어우러져 윤기를 주는 질감으로서 광고의 스포티브룩을 연출 촬영할 때 활용되는 질감이다.

'쉬머'는 햇빛에 반사되어 매우 곱고 미세하면서 실키한 광택을 주는 반짝거림으로서 쉬머 파우더와 같이 미세한 작은 입자로 된 제품으로 눈화장이나 콧대 등 얼굴에 부분적으로 표현했을 때의 곱고 부드러운 광택의 질감이다.

'메탈릭'은 인위적인 반짝거림을 주는 화려한 광택의 표현으로 굵은 알갱이의 글리터나 인조 보석, 스팽글 등의 큰 입자의 반사광으로 인해 전달되는 강렬하면서 인위적인 광택의 질감이다.

Mac 메이크업 광고

질감에 따른 사용 특성

특성 \ 질감	매트(Matt)	모이스춰(moisture)	폴리쉬(polished)	글로시(glossy)	듀이(dewy)	쉬머(shimmer)	메탈릭(metalic)
이미지	광택없는 보송보송함, 파우더리(powdery), 석고상 같은	물기어린 촉촉함, 부드러운 윤기	도자기같은 매끄러운 윤기	유분기의 광택, 오일리(oily)의 강한 광택	유수분이 섞여진 광택, 스포츠 광고에서의 땀 이미지	미세하고 부드러운 광택	금속성의 차가운 강렬한 반짝임(쉬머보다 큰 입자)
적용부위	얼굴, 입술, 눈꺼풀	얼굴, 바디	얼굴, 바디, 눈꺼풀	얼굴, 눈꺼풀, 바디, 입술	얼굴, 바디	눈 밑, 관골, 눈썹뼈, 입술	눈꺼풀, 쇄골, 볼, 어깨 등에 부분 사용
사용제품	리퀴드 · 크림 파운데이션, 파우더 다량	보습 토너, 모이스춰라이저, 보습 크림, 펄 프라이머, 리퀴드 파운데이션	보습 토너, 모이스춰라이저, 보습 크림, 펄 프라이머, 리퀴드 파운데이션	펄 베이스, 리퀴드 펄 · 크림 펄파운데이션, 크림 아이섀도우, 바셀린, 글리세린	글리세린+ 워터 스프레이	펄 베이스, 쉬머 파우더, 펄 블론징 리퀴드	쉬머보다 큰 입자의 글리터(glitter), 인조보석

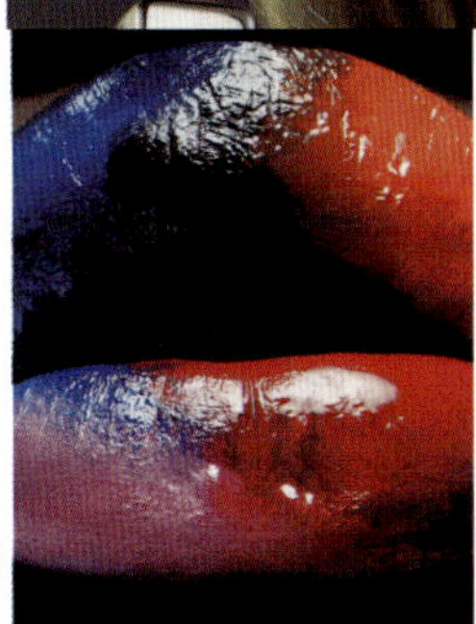

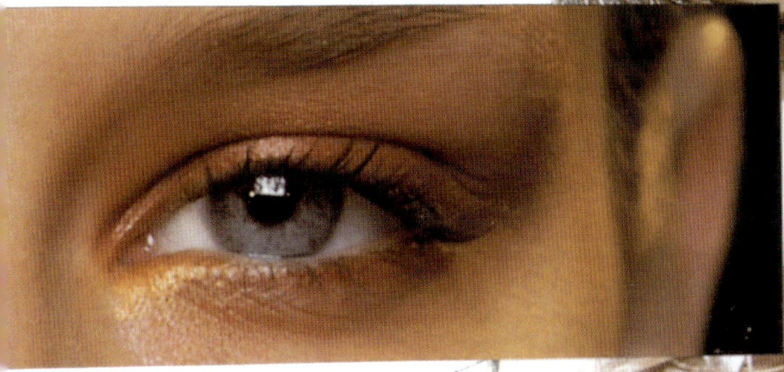

IV

6. 얼굴형별 보정 메이크업

다양한 얼굴형을 이상적인 얼굴형인 계란형으로 보여지게 하기 위해서는 개인별로 골격의 구조와 위치를 파악하고 하이라이트와 쉐이딩으로 결점을 보정하여 착시효과를 준다.

1) 계란형(Oval Face)

가장 이상적인 얼굴형으로서 형태의 장점을 살리고 입체감을 부여하기 위해 관골 주위에 자연스럽게 쉐이딩을 주고 눈 밑에 하이라이트를 준다.

2) 둥근형(Round Face)

얼굴의 길이보다는 넓이감을 주어 관골 부위가 넓어 둥근 얼굴이다. 양 볼의 뒷부분, 이마의 양쪽 헤어라인 부위, 턱선 등 얼굴 외곽 부위를 중심으로 쉐이딩을 넣어주며, 이마, 콧대, 눈 밑, 턱 부위에 길이감을 주는 세로 형태로 하이라이트 효과를 준다.

3) 사각형(Square Face)

양쪽 턱이 각을 이루어 얼굴의 넓이와 길이가 거의 비슷한 얼굴형으로서 이마 양옆, 각진 턱뼈 부위에 쉐이딩을 넣어주고 T존과 눈 밑, 턱 중앙에 세로로 하이라이트 효과를 준다.

4) 역삼각형 (Inverted triangular Face)

이마가 넓고 아래턱 부위가 좁아서 뾰족하고 다소 날카로운 이미지를 줄 수 있는 얼굴형이다. 양 쪽 아랫볼 부위에 하이라이트를 넣어 야윈 이미지를 보정하며 넓은 이마 양쪽과 뾰족한 턱에 쉐이딩 효과를 준다.

5) 긴형(Oblong Face)

얼굴의 폭에 비해 길이가 길고 코도 길어 보이는 얼굴형으로서 다소 짧아 보이도록 이마 끝과 턱 끝에 가로로 쉐이딩을 넣고 눈 밑 하이라이트도 가로 방향으로 효과를 준다.

6) 다이아몬드형(Diamond Face)

얼굴의 상하는 좁고 관골이 있는 중앙부위는 넓은 얼굴형으로서 이마 양옆과 이마 중앙에 하이라이트를 주고 턱선과 튀어나온 관골에는 쉐이딩 효과를 준다.

얼굴형별 명암 테크닉

계란형

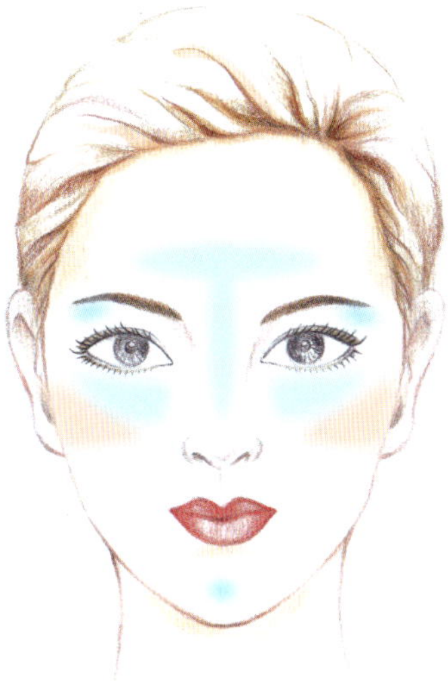

둥근형

사각형

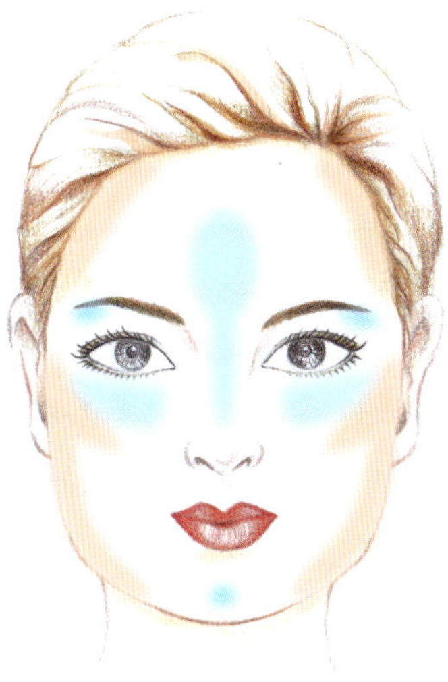

역삼각형

긴형

다이아몬드형

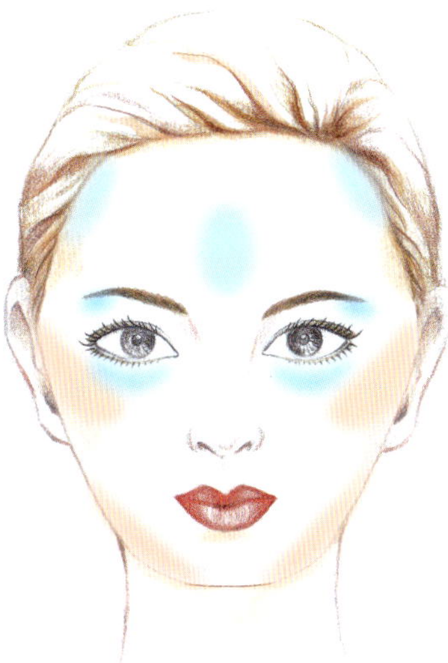

V

기초 메이크업
(Basic Make-up)

기초 메이크업 (Basic Make-up)

1. 베이스 메이크업 (Base Make-up)

기초 메이크업은 피부색을 정돈하여 표현하는 바탕화장을 의미한다. 피부 표현 메이크업은 전체 메이크업에서 중요한 부분을 차지하며 피부색과 피부 질감을 개선시키고 얼굴형을 수정 · 보완하여 메이크업의 상승 효과를 준다.

1) 메이크업 베이스(Make-up Base)

(1) 기능

① 파운데이션 및 색조화장 제품들의 색소, 자외선 등 피부를 여러 위험 요인으로부터 보호해 준다.
② 피부색을 조절하여 피부색 보정역할을 한다.
③ 파운데이션의 밀착력을 증대시켜 지속력을 높여준다.

(2) 메이크업 베이스의 종류

① 수분 함유 리퀴드 타입

수분을 많이 함유하여 보습효과를 주며 피부색을 보정해 줄 다양한 컬러의 제품들이 있다. 손으로 펴바르거나 라텍스로 두드리는 방법을 사용한다.

② 펄 함유 리퀴드 타입

미세한 펄이 함유되어 피부결을 고르고 매끄럽게 보이도록 하며 글로시하고 결점을 커버하는 피부표현이 되도록 한다.

(3) 피부타입에 따른 색 선택

- 연핑크 : 창백해 보이는 노란 기운의 피부에 혈색을 부여해 피부색을 밝고 화사하게 표현
- 옅은 그린 : 피부가 얇거나 모세혈관 확장 피부, 여드름 자국 등으로 잡티가 많고 울긋불긋한 피부에 사용
- 연보라 : 칙칙하거나 노르스름한 동양인의 피부에 사용
- 옅은 블루 : 기미, 주근깨, 잡티가 많은 피부에 사용
- 오렌지 : 햇볕에 선탠한 느낌의 건강한 피부색 표현에 사용
- 흰색 : 피부색이 어둡고 칙칙한 느낌이 드는 피부에 사용

(4) 메이크업 베이스 바르는 테크닉

메이크업 베이스는 화장수를 바른 뒤 파운데이션 전에 바르며, 컨실러는 대체로 파운데이션 바른 후에 사용한다. 양이 많으면 밀리거나 들뜰 수 있으므로 소량을 손으로 펴바르거나 스펀지로 두드리듯이 바르는 것이 좋다.

2) 파운데이션(Foundation)

파운데이션(foundation)은 영어에서 기초, 토대, 근원을 의미하며 베이스 메이크업에 있어서 중요한 역할을 한다.

파운데이션의 분말 원료는 착색력이 우수한 이산화티타늄, 광택과 퍼짐성이 좋은 탈크(talc) 등이 있다.

파운데이션을 바를 때 주의할 점은 턱과 목 사이에 경계선이 생기지 않도록 파운데이션을 펴주어야 하며 베이스 컬러는 피부색과 유사한 색을 선택하고, 쉐이딩 컬러는 피부색보다 1~2톤 어두운 색, 하이라이트 컬러는 1~2톤 밝은 색을 선택하여야 한다.

(1) 파운데이션의 기능

① 피부톤을 일정하게 조절하여 이상적인 아름다운 피부색을 표현한다.
② 기미, 여드름, 주근깨, 잡티, 흉터 등의 피부 결점을 커버하여 건강한 피부색으로 보완해 준다.
③ 매연, 바람, 먼지, 추위, 자외선 등 외부의 유해 자극으로부터 피부를 보호한다.
④ 베이스, 쉐이딩, 하이라이트 컬러를 이용하여 얼굴 윤곽 수정과 입체감을 부여해 준다.
⑤ 파우더의 밀착력, 지속력을 높여준다.

(2) 파운데이션의 종류

① 리퀴드 타입(Liquid Type)

일반적으로 가장 많이 사용되는 파운데이션으로 유분, 수분, 안료 성분 중 수분 함량이 가장 많아 촉촉하며 투명감이 있고 피부에 대한 친화력과 밀착감이 우수하지만 커버력과 지속력은 떨어지는 경향이 있다. 결점이 별로 없는 피부, 자연스러운 메이크업을 원할 경우 적합하다. 건성 피부는 유분이 들어간 오일 베이스드(oil based)를, 보통 피부는 수분이 함유된 워터 베이스드(water based), 지성 피부에는 오일 프리(oil free) 제품을 사용한다.

② 크림 타입(Cream Type)

외부로부터 효과적인 유분 보호막을 형성하므로 리퀴드 타입보다 커버력이 우수하여 건성피부, 겨울철에 사용하면 좋으며 지성피부에 사용하는 것은 바람직하지 못하다.

③ 스틱 타입(Stick Type)

유수분을 혼합시켜 고체화한 제품으로 다른 종류의 파운데이션에 비해 커버력과 지속력이 우수하여 기미, 주근깨, 여드름 등을 감추거나 무대 분장용으로 사용된다. 그러나 사용 시 두께감을 주는 부자연스런 피부 표현이 단점이다.

④ 팬 케이크 타입(Pan Cake Type)

스펀지를 물에 적셔 바르는 수용성 파운데이션으로 방수성, 내수성, 지속성이 우수하여 장시간 흐트러짐이 없는 제품으로서 밀착감을 주어 막을 형성하므로 피지 분비와 땀이 많은 피부에 적합하다. 또한 장시간 공연을 하는 무대 분장에 적합하지만 리퀴드 파운데이션에 비해 색의 혼합이 용이하지 않다.

⑤ 파우더 파운데이션 (Powder Foundation Type)

파운데이션과 파우더가 하나로 결합된 제품으로 빠른 시간 동안 스피디한 메이크업을 할 수 있다. 특히 동양인들에게 인기가 높은 제품이지만 파운데이션을 바르고 그 위에 파우더를 바른 메이크업보다 피부톤이 자연스럽지 못하며 커버력도 약한 편이다. 유사한 제품으로 투웨이 케이크는 자외선 차단제가 포함되어 여름철에 많이 사용되며 휴대가 간편하다.

⑥ 컨실러

컨실러는 파운데이션으로도 잡티 커버를 어느 정도할 수 있으나 보다 효과적으로 기미, 주근깨, 잡티, 다크서클, 흉터 등의 피부결점을 커버할 때 사용하며, 피부톤 조절 효과도 있다. 컨실러는 색소(pigment)가 많이 함유된 파운데이션의 일종이라고 할 수 있으며 파운데이션 기본색보다 1~2톤 밝은 색으로 하여 살구빛 베이지색이 가장 일반적으로 선택할 수 있는 색이다. 그러나 여드름에는 보색의 원리를 활용하여 그린빛 베이지 컬러를 사용하는 것이 여드름의 붉은 기운을 커버할 수 있는 방법이다.

종류에는 리퀴드, 스틱, 크림 타입이 있으며 눈가에는 리퀴드·크림 타입을, 붉은 반점이나 뾰루지에는 스틱타입을 사용하는 것이 효과적이다.

사용방법은 면봉이나 브러쉬를 이용하여 커버하고자 하는 부위에 바르고 주변을 블렌딩하여 자연스럽게 주변 피부와 그라데이션한다.

(3) 사용법

① 소량을 여러번 나누어 바르며 안쪽에서 바깥쪽으로 펴준다.

② 고르고 밀착감 있게 바르기 위해 손가락이나 스펀지를 사용하여 슬라이딩(sliding) 기법과 패팅(patting) 기법을 반복하여 밀착시키면서 두드린다.

③ 자연스러운 피부 표현을 위해서는 얼굴 중앙부위에 적당량을 바르고 머리카락, 턱선 등의 외곽 부위에는 적은 양을 발라야 하며 눈 아랫부분은 약지나 스펀지에 소량으로 세심하게 발라준다.

파운데이션 사용 테크닉

3) 페이스 파우더(Face Powder)

(1) 파우더의 기능

① 파운데이션의 유분을 흡수하여 부자연스러운 광택을 제거하고 난반사를 통해 피부 결점을 감추고 피부를 투명하면서 자연스럽게 표현해 준다.

② 피지나 땀을 흡수하여 번들거림을 방지하고 파운데이션을 밀착 · 지속시킨다.

③ 자외선으로부터 피부를 보호하고 보습을 유지시킨다.

④ 기초와 색조 메이크업이 오래 지속되도록 한다.

(2) 파우더의 종류

① 투명 파우더

피부와 조화된 파운데이션 색상을 그대로 유지하면서 피부색을 깨끗하게 마무리해 준다.

② 컬러 파우더

- 그린 계열 : 붉은기 있는 얼굴에 사용하여 붉은 색을 중화시켜 깨끗한 피부 표현이 된다.
- 핑크 계열 : 창백한 혈색에 생기를 부여하는 효과가 있다.
- 퍼플 계열 : 피부톤이 칙칙해 보일 때나 파티 메이크업 등 화려한 분위기를 연출할 때 사용한다.
- 오렌지 계열 : 건강하고 탠닝한 피부로 표현할 때 사용한다.

③ 펄 파우더

파우더에 미세한 펄이 함유되어 화려한 이미지나 쇼 메이크업시 환상적이고 도자기같은 피부표현을 연출한다. 하이라이트 효과도 있다.

④ 콤팩트 파우더

콤팩트 파우더는 압축형 파우더(pressed powder)로서 휴대가 간편하고 피지 흡수력이 뛰어나지만 분말형 파우더(loose powder)보다 자연스러운 마무리를 하기는 어렵다.

(3) 파우더 사용 방법

페이스 파우더를 퍼프에 묻혀 바를 때는 피부에 밀착되도록 가볍게 눌러 바르고, 페이스 브러쉬를 사용하면 자연스럽고 약간 광택감 있는 피부표현이 가능하다.

2. 아이 메이크업 (Eye Make-up)

1) 아이 브로우 메이크업 (Eyebrows Make-up)

눈썹은 얼굴의 인상을 좌우하며 이미지를 변화시키는 중요한 역할을 하는 부위이다. 얼굴형을 보완하거나 이미지 연출에 어울리는 조화로운 눈썹 메이크업이 되도록 하여야 한다.

(1) 눈썹의 기능

① 얼굴 표정과 인상을 변화시킬 수 있다.

② 얼굴형이나 눈매를 보완하고 균형을 이루는 역할을 한다.

(2) 제품의 종류 및 특징

① 연필타입 : 섬세하고 샤프하게 그려줄 수 있으나 깎아서 사용해야 하는 번거로움이 있다.

② 샤프타입 : 깎아서 사용해야 하는 번거로움이 없어 실용적이다.

③ 섀도우타입 : 연필타입에 비해 자연스러우며, 앵글 브러쉬를 사용하여 회색과 갈색의 섀도우를 자연스럽게 발라준다.

(3) 눈썹의 색상과 이미지

① 흑색 : 개성적인 느낌을 주며 피부가 흰 사람에게 잘 어울리고 고전적인 이미지를 준다.

② 회색 : 침착하고 차분하며 자연스러운 이미지를 주어 누구에게나 무난하게 어울린다.

③ 갈색 : 세련된 느낌을 주며 부드러워 보인다.

(4) 눈썹형태 만들기

① 눈썹결 정리 : 눈썹용 브러쉬로 눈썹결을 정리한다.

② 눈썹 시작점 : 콧망울 안쪽과 눈썹앞머리에 수직이 되게 브러쉬를 놓아 만나는 지점이 눈썹이 시작되는 부분이다.

③ 눈썹산 위치 : 눈동자의 바깥쪽을 수직으로 연장하는 기점이나 혹은 눈썹 앞머리에서 눈썹꼬리 방향으로 2/3지점, 혹은 턱의 중심에서 눈동자를 지나 만나는 지점이다.

④ 눈썹꼬리의 위치 : 콧망울에서 눈꼬리를 지나는 연장선상의 지점이다.

⑤ 잔털제거: 펜슬로 연하게 원하는 눈썹 형태의 라인을 그려준 후 눈두덩이의 잔털과 표시 부분을 제외한 잔털은 눈썹정리용 칼로 깨끗하게 제거해 준다.

⑥ 긴털정리: 길게 나온 눈썹 털은 눈썹빗을 대고 가위로 일정하게 자른다. 자를 때에는 눈썹결 반대 방향으로 잘라주는 것이 좋다.

⑦ 펜슬로 그리기: 펜슬로 헤어를 한올한올 심듯이 자연스럽게 그려준다.

⑧ 브러쉬로 그리기: 앵글브러쉬에 모델의 헤어컬러와 유사한 색으로 혼합한 회색이나 갈색 섀도우를 묻혀 쓸어주듯이 붓끝을 세워 그려준다.

(5) 기본형 눈썹 그리기

① 눈썹앞머리 : 콧망울 지점을 수직으로 올려 만나지는 곳에 위치하도록 한다.

② 눈썹산 : 눈썹의 길이를 3등분 했을 경우 앞머리에서 2/3지점보다 2㎜ 정도 뒤에 위치하도록 하거나 턱의 중심점에서 눈동자 중심을 지나 만나는 지점 또는 눈동자 바깥부분을 올려 만나는 지점에 위치하도록 한다.

③ 눈썹꼬리길이 : 콧망울과 눈꼬리를 45˚의 각도로 연결해서 연장했을 때 만나는 지점에 위치하도록 한다. 눈썹꼬리가 앞머리보다 아래로 쳐지지 않아야 한다.

④ 눈썹길이 : 눈길이보다 짧지 않게 그린다.

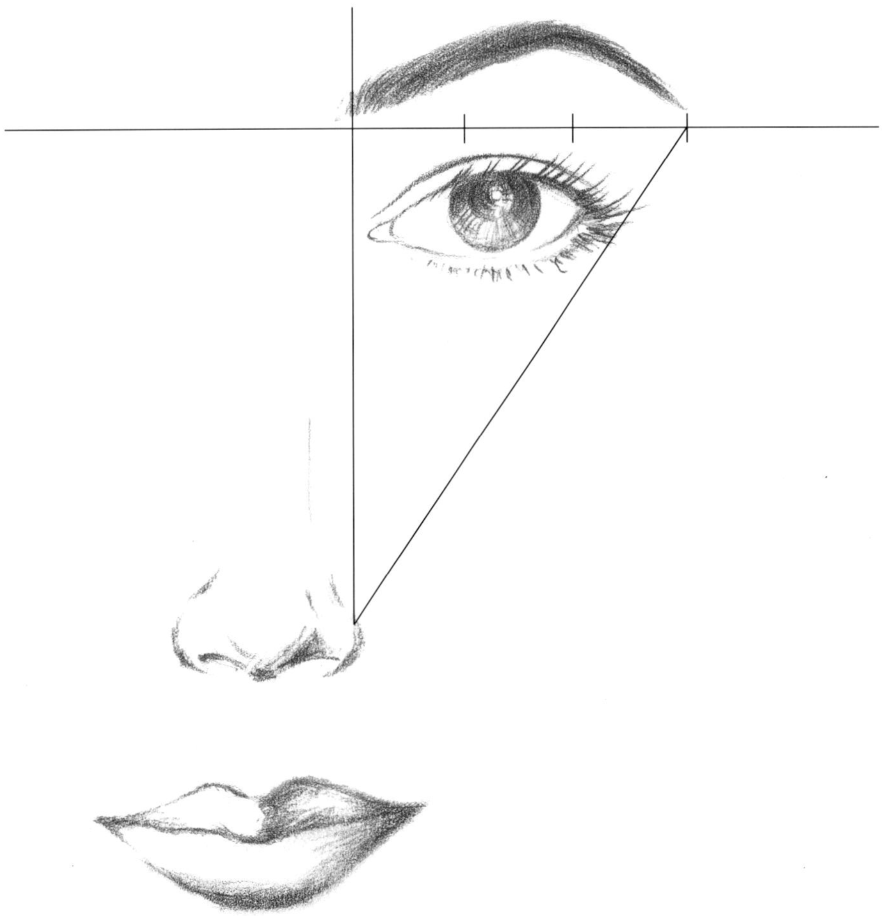

기본형 눈썹의 위치

(6) 얼굴형에 어울리는 눈썹형

① 긴 형(Oblong Face)

수평적인 일자형 눈썹을 약간 굵게 표현하여 긴 얼굴을 다소 짧아보이게 하는 착시효과를 줄 수 있다.

② 둥근 형(Round Face)

약간 상승된 형태나 각진형 눈썹으로 표현하여 계란형 얼굴에 가깝도록 착시효과를 준다.

③ 역삼각형(Inverted Triangular Face)

여성적 이미지의 아치형으로 눈썹산의 위치를 눈썹길이의 1/2정도에 주어 넓은 이마로 인한 시선 분산을 좁혀주며 날카로움을 감소시킨다.

④ 사각형(Square Face)

각진 얼굴을 커버하기 위해 부드러운 아치형을 약간 두껍게 그린다.

⑤ 다이아몬드형(Diamond Face)

튀어나온 관골이 다소 완화되어 보이면서 분산된 시선을 모을 수 있도록 눈썹의 앞머리를 강조하여 아치형으로 표현한다.

긴 형

역삼각형

둥근형

사각형

다이아몬드형

(7) 눈썹 형태와 이미지

① 표준형 눈썹 : 기본적인, 건실한, 세련된 이미지
계란형 얼굴이나 모든 얼굴형에 무난하게 어울림.

② 직선형(수평형) 눈썹 : 젊음, 활동적, 긴장감, 단정함, 날씬함, 이기적, 객관적 등의 이미지

③ 각진 눈썹 : 지적 세련미, 절도, 박력, 활동적, 엄격함, 날카로움, 주관적 등의 이미지

④ 아치형 눈썹 : 여성적, 온화함, 부드러움, 유순함, 섬세함, 고전적, 동양적, 친절, 자애 등의 이미지

⑤ 상승형(화살형) : 눈썹꼬리의 상향 정도에 따라 시원함, 야성미, 활동적, 거만, 날카로움, 사나움, 능동적 등의 이미지

⑥ 처진 눈썹 : 온화함, 부드러움, 겸손함, 어리석음, 모자람, 천박함 등의 이미지

⑦ 짙은 눈썹 : 긴장, 힘, 야성적, 야만, 용맹, 행동적, 투박함, 무지, 천박 등의 이미지

⑧ 흐리고 가는 눈썹 : 온화함, 깨끗함, 온순, 병약, 신성, 허약, 피동적, 여성적, 날카로움 등의 이미지

⑨ 긴 눈썹 : 점잖음, 고상함, 안정감, 인품, 인격, 무서움, 성숙, 의혹 등의 이미지

⑩ 짧은 눈썹 : 명랑, 경쾌, 젊음, 밝음, 날렵함, 동적, 허구 등의 이미지

⑪ 눈썹과 눈썹사이가 넓은 눈썹 : 너그러움, 온화함, 여유, 멍청함, 어리석음, 낙천적 등의 이미지

⑫ 눈썹과 눈썹사이가 좁은 눈썹 : 긴장, 인색, 답답, 날카로움, 신경질적, 짜증, 옹색함, 성급함, 예리함 등의 이미지

⑬ 눈썹과 눈사이가 넓은 눈썹 : 너그러움, 온화함, 강한 의지, 인내심 등의 이미지

⑭ 눈썹과 눈사이가 좁은 눈썹 : 긴장, 인색, 날카로움, 짜증, 서구적, 비밀 등의 이미지

표준형 눈썹

직선형 눈썹

각진형 눈썹

아치형 눈썹

상승형 눈썹

눈썹과 눈썹사이가 넓은 눈썹

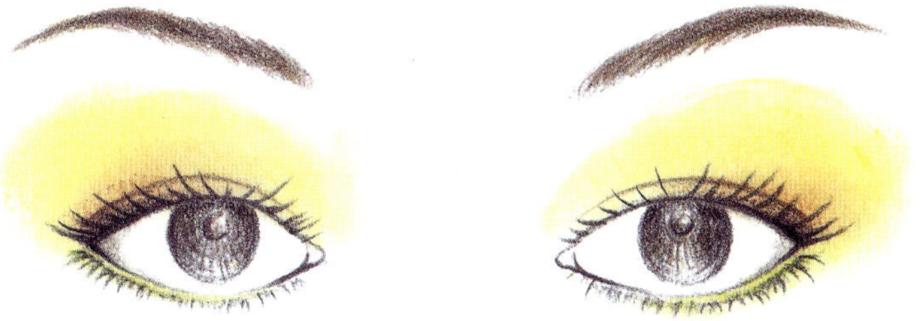

눈썹과 눈썹사이가 좁은 눈썹

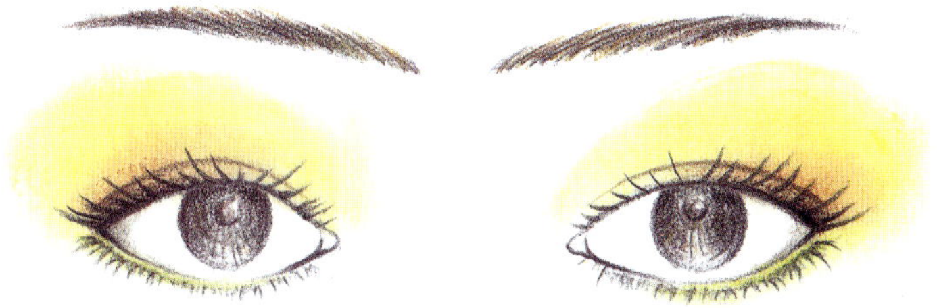

눈썹과 눈사이가 넓은 눈썹

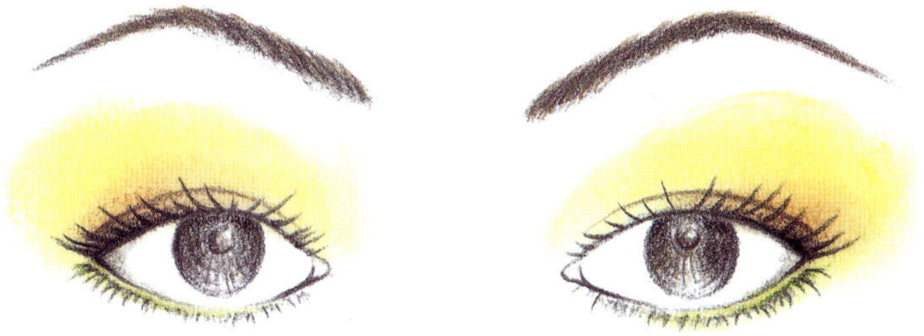

눈썹과 눈사이가 좁은 눈썹

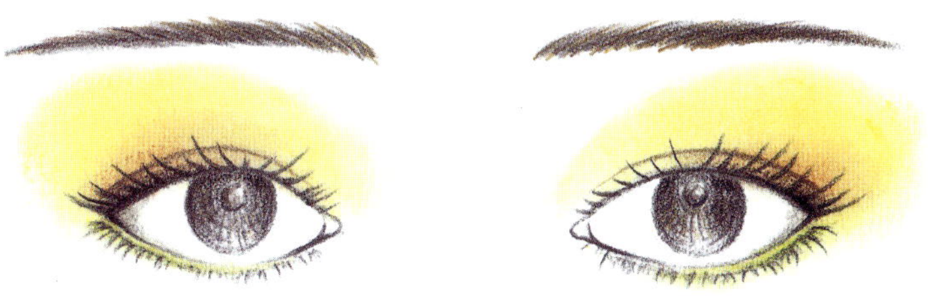

2) 아이섀도우 메이크업 (Eye-Shadow Make-up)

아이섀도우는 눈에 색감과 음영을 주어 입체감 있는 눈을 연출하며 주변의 피부색, 눈썹, 코의 형태 등과 조화를 이루어 눈의 단점을 커버하면서 전체 이미지 전달에 큰 역할을 한다.

(1) 아이섀도우의 기능

① 눈에 색감과 음영을 주어 눈매를 수정 보완한다.
② 다양한 색의 조화로 변화 있는 분위기를 연출한다.

(2) 아이섀도우의 컬러 선택법

① 의상색과 동일 혹은 유사계열, 혹은 반대색 등 조화로운 컬러 선택
② 메이크업 테마와 계절감을 고려한 컬러 선택
③ 색의 감정과 연상을 이용한 컬러 선택
④ 모델의 피부색에 조화되며 눈의 형태를 고려하여 장점을 강조하고 단점을 커버할 수 있는 컬러 선택

(3) 제품의 타입별 특징

① 케이크타입

눈에 자극이 없고 피부 밀착감이 우수하며 색상이 다양하고 그라데이션이 용이하여 일반적으로 가장 많이 사용한다. 하지만 시간이 지나면 지속력이 떨어지는 단점이 있다.

② 크림타입

유분이 함유된 타입으로서 발색도가 선명하고 지속력이 있으나 뭉침에 주의해야 한다. 크림타입은 사진촬영이나 TV, 무대 메이크업에 많이 이용되며 요즘 일반인들도 부드러운 질감으로 인해 많이 사용한다.

③ 펜슬타입

휴대와 사용이 간편하며 그라데이션이 간단하여 메이크업 초보자들이 손쉽게 메이크업을 할 수 있으나 색상이 다양하지 않다.

(4) 아이섀도우의 명칭

① 베이스 컬러(Base Color)

아이섀도우의 분위기를 좌우하는 컬러로서 눈의 가장 넓은 부분에 해당하는 메인컬러이며 아이홀을 약간 넘어서게 펴 바른다.

② 액센트 컬러(Accent Color)

액센트 컬러 혹은 포인트 컬러는 눈매를 강조하는 역할을 하며 색상을 선명하게 사용한다.

③ 하이라이트 컬러(Highlight Color)

돌출되어 두드러지게 보이고자 하는 부위에 사용한다. 하이라이트 컬러는 팽창효과가 있으며 베이스·액센트 컬러와 대비하여 더욱 눈을 완성도 있고 깊이감 있게 보이도록 한다. 하이라이트 컬러로는 아이보리, 흰색, 펄이 들어간 연한 핑크색 등이 효과적이다.

④ 섀도우 컬러(Shadow Color)

들어가 보이게 하고자 하는 부위에 사용해서 눈에 음영을 주어 깊이 있는 눈매를 표현해준다. 어두운 브라운계열이나 그레이계열이 많이 사용된다.

⑤ 언더 컬러(Under Color)

눈 밑의 언더라인에 선의 느낌으로 섀도우를 깨끗이 발라주어 눈매를 또렷하고 다양하게 표현해 준다.

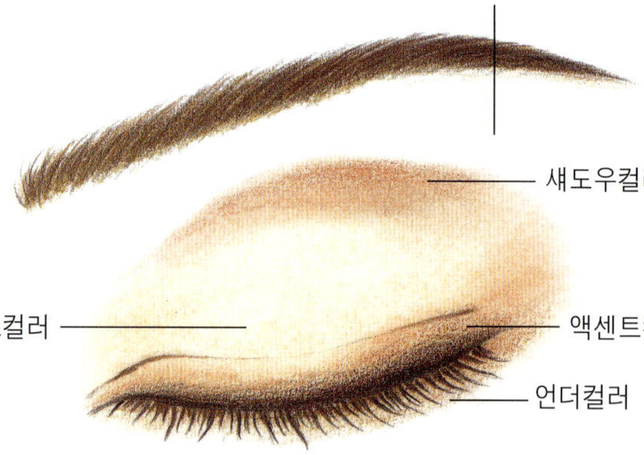

(5) 아이섀도우 테크닉시 유의점

① 연하고 부드러운 색상으로 넓은 부위에 엷게 펴 바를 때에는 넓은 면의 아이섀도우 브러쉬를 사용하며, 아이라인, 눈꼬리 부분을 선적인 느낌으로 강하게 바를 때는 좁은 브러쉬를 사용한다.

② 아이섀도우를 바르기 전 브러쉬에 섀도우를 묻혀 손등에서 색상 농도를 확인한 다음 눈꺼풀의 바깥에서 안쪽 방향으로 브러쉬를 뉘어서 손목에 힘을 빼고 바른다.

③ 아이섀도우를 짙게 강조하고 싶은 부위는 여러 번 덧발라서 자연스럽게 원하는 색감을 표현하며 그라데이션을 이룬다.

④ 눈 밑이 아이섀도우 가루로 인해 지저분해지는 것을 막기 위해 투명색의 페이스 파우더를 눈 밑에 얹져 놓고 메이크업 후 털어낸다.

(6) 눈형태에 따른 아이섀도우 기법

알맞은 눈

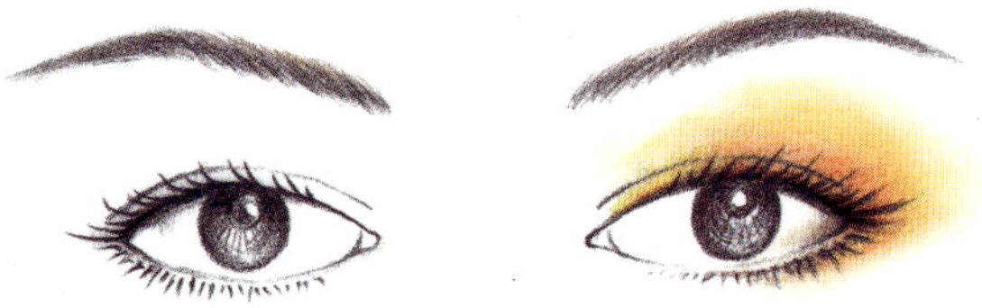

① 알맞은 눈

어떤 형태의 테크닉도 어울리며, 의상색, 디자인 컨셉, 계절, 연령에 맞는 섀도우 컬러를 선택하여 표현한다.

큰 눈

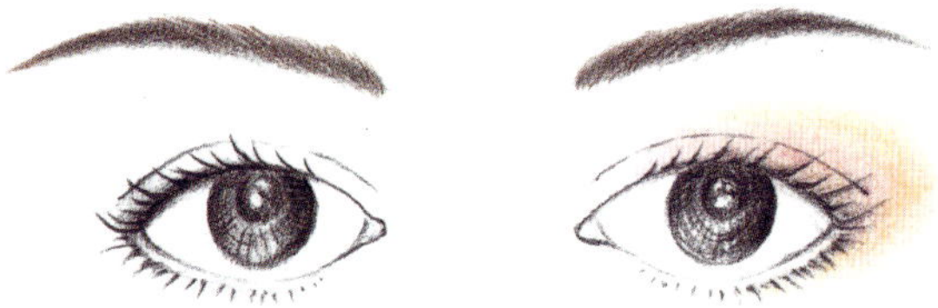

② 큰 눈

큰 눈을 자연스럽게 보이도록 연한색으로 부드럽게 그라데이션하고 포인트색을 강하게 처리하지 않는 것이 좋다. 언더라인도 1/3정도에서 그라데이션한다.

작은 눈

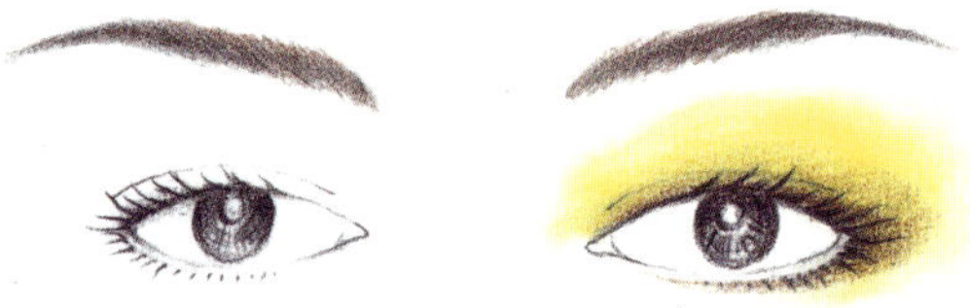

③ 작은 눈

눈앞머리에서 꼬리까지 라인중심으로 어두운 색 위주로 하여 바르고 눈꺼풀로 갈수록 옅은 색으로 그라데이션하며, 눈을 중심으로 넓고 둥글게 터치한다. 언더라인의 눈꼬리쪽으로 갈수록 더 넓고 길게 바르면서 윗 눈꺼풀과 연결한다.

눈두덩이 나온 눈

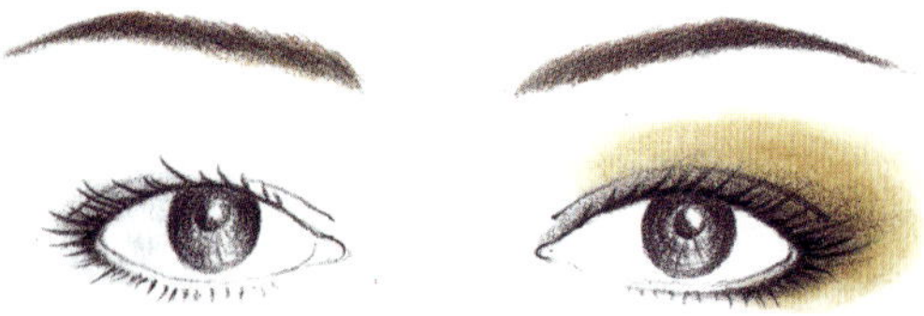

④ 눈두덩이 나온 눈

붉은 계열의 아이섀도우나 펄감이 있는 아이섀도우는 피하고 딥톤의 매트한 브라운이나 그레이로 눈꺼풀 전체를 자연스럽게 펴 바른 후 포인트컬러를 선명하게 선을 긋듯 터치하여 눈매를 강조한다.

⑤ **움푹 들어간 눈**

따뜻한 색, 펄감이 있는 색상이나 밝은 색을 눈꺼풀에 펴주며 포인트 색도 밝은 계열을 사용하여 라인의 형태로 눈꼬리를 약간 올려 눈매를 강조한다.

움푹 들어간 눈

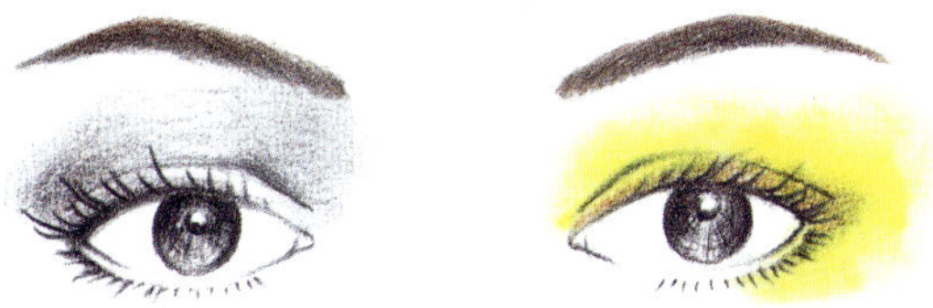

⑥ **처진 눈**

눈 꼬리에서 사선방향으로 올려 아이섀도우 컬러를 폭 넓게 바르고 눈꼬리 밑도 색이 너무 진하지 않도록 올려서 그라데이션 해준다.

처진 눈

⑦ **올라간 눈**

눈 앞머리와 눈꼬리 밑 부분에 섀도우의 포인트를 주고 특히 언더라인의 눈꼬리 부분에 섀도우 컬러를 넓게 펴 발라 눈이 부드럽게 내려가 보이도록 한다.

올라간 눈

⑧ **눈과 눈 사이가 먼 눈**

눈 앞머리 부분에 포인트 컬러를 바르고 눈 앞머리 위에서 코가 있는 방향으로 노우즈 섀도우를 터치하여 눈과 눈 사이의 간격을 좁아 보이도록 한다. 눈꼬리 쪽으로 포인트 컬러가 치우치지 않도록 주의한다.

눈과 눈 사이가 먼 눈

⑨ **눈과 눈 사이가 가까운 눈**

눈 앞머리에서 중간까지 밝은 색상을 발라 눈과 눈 사이의 간격이 넓어보이도록 착시 효과를 준다. 짙은 색의 포인트 컬러를 눈꼬리와 언더라인 눈꼬리 바깥쪽으로 연장하여 처리한다.

눈과 눈 사이가 가까운 눈

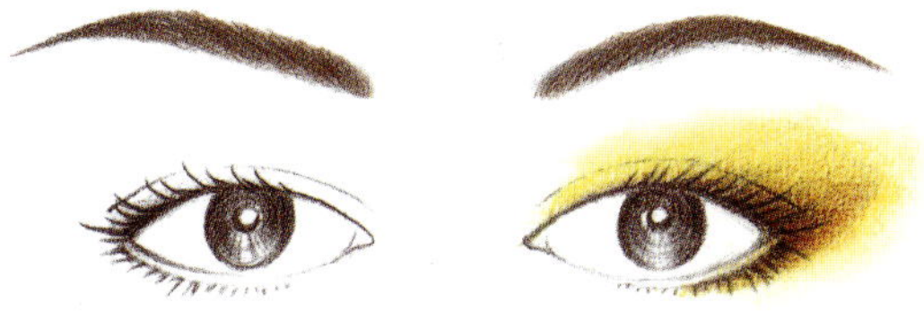

짝 눈

⑩ **짝 눈**

양쪽 눈 중 어느 눈에 화장을 했을 때 아름다운 눈인가를 판단하고 그 눈을 중심으로 예쁘지 않은 눈에 색의 강약과 라인의 두께를 수정하여 균형을 맞춘다.

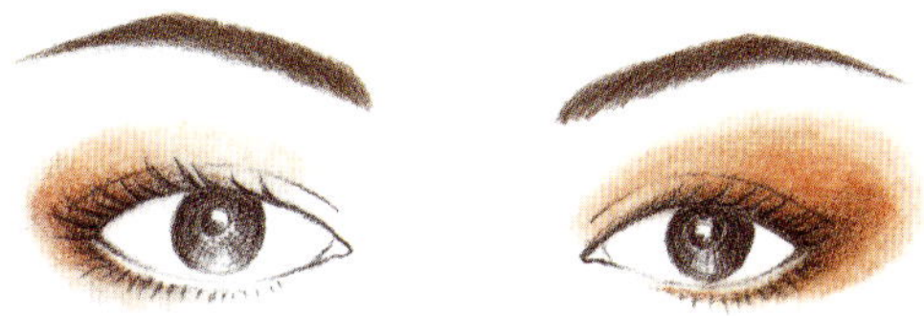

쌍꺼풀이 없는 눈

⑪ **쌍꺼풀이 없는 눈**

쌍꺼풀 두께만큼 라인을 강조하여 포인트 컬러를 표현하며 사선방향으로 끌어 올려 그라데이션을 넓게 해주고 눈썹 뼈 부분에는 하이라이트를 강하게 주어 평면적인 눈에 입체감을 표현한다.

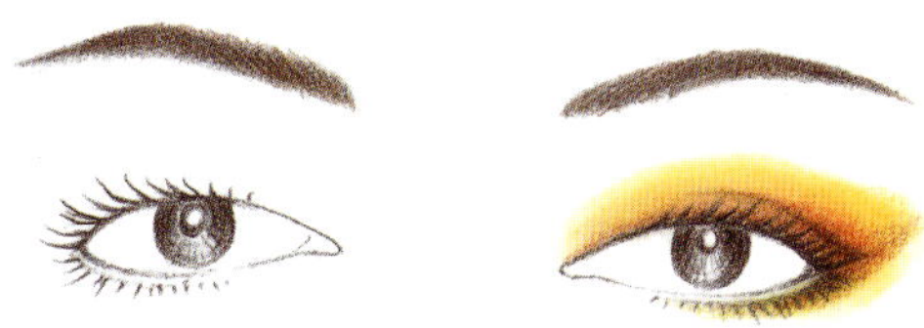

(7) 아이섀도우 방향에 따른 이미지

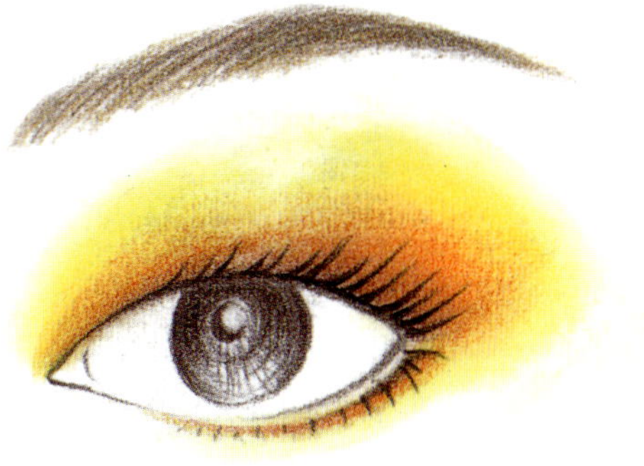

① 가로분할

아이섀도우의 메인컬러와 포인트컬러를 가로방향으로 펼치는 방법이며 일반적으로 많이 사용되고 작은 눈을 커보이게 하므로 동양인의 눈매에 적합하다.

② 세로분할

아이섀도우의 메인컬러와 포인트컬러를 세로방향으로 펼치는 방법으로 개성적이고 과감한 눈매를 연출할 때 적합하다.

③ 사선분할

아이섀도우의 메인컬러와 포인트컬러를 사선방향으로 펼치는 방법으로 처진 눈매를 보완하여 주거나 신부화장시 세련되고 약간 긴장감 있는 눈매를 줄 수 있으며, 중앙 하이라이트를 넣어 더욱 입체감을 연출할 수 있다.

3) 아이라인 메이크업 (Eyeline Make-up)

아이라이너는 선의 두께와 길이, 방향에 따라 얼굴의 이미지를 변화시켜주는 역할을 하는데 속눈썹이 나는 곳을 따라 섬세하게 선을 그려야 하며, 눈에 안전하고 빠르게 건조되는 것을 사용하여야 한다.

색상은 검정색이 가장 대중적이며 갈색은 큰 눈을 자연스럽게 표현할 때 사용하고 청색은 시원하고 젊은 이미지를 주면서 여름 메이크업에 사용된다.

(1) 아이라이너의 기능

① 눈을 보다 선명하고 뚜렷하게 표현하여 생동감 있는 눈매를 연출한다.

② 눈의 크기와 형태를 보정하여 이상적인 눈으로 변화시킨다.

(2) 아이라이너의 종류

① 펜슬 타입 : 사용이 편리하고 그라데이션이 가능하여 자연스러운 눈매 연출에 용이하지만 눈에 번질 수 있으므로 메이크업 후에도 체크해주어야 한다.

② 리퀴드 타입 : 색상이 선명하고 부착성도 좋아 눈매가 뚜렷하게 표현되나 다소 부자연스러울 수 있고, 광택이 있으므로 라인위에 동일한 컬러의 아이섀도우를 발라 사진촬영시 유의한다.

③ 케이크 타입 : 가는 브러쉬에 물이나 토너를 묻혀 사용하는데 번들거림이 없고 자연스러우며 선의 두께와 농도를 조절할 수 있다.

④ 붓펜타입 : 그리기 편리하여 초보자들이 사용하기 좋으나 리퀴드 타입에 비해 색상이 진하게 표현되지는 않는다.

(3) 눈형태에 따른 아이라인 테크닉

① 쌍꺼풀 눈 : 눈매를 따라서 최대한 속눈썹 가까이 가늘게 그린다. 윗꺼풀의 아이라인과 언더라인이 눈꼬리에서 만나는 것이 자연스러우며 펜슬 타입이 큰 눈을 부드럽게 표현해준다.

② 홑꺼풀 눈 : 눈을 떴을 때 살짝 라인이 보이도록 두껍게 그리되 눈 중앙 라인을 더욱 굵게 표현한다.

③ 처진 눈 : 처음에 속눈썹을 따라 그대로 그리다가 윗라인의 눈꼬리 부분에서 약간 치켜 올리며 언더라인은 꼬리부분에서 가늘게 그린 후 위의 라인에 올려 붙여 그린다.

④ 올라간 눈 : 윗라인은 눈머리를 약간 두껍게 그리면서 자연스럽게 속눈썹을 따라 그려주다가 눈꼬리의 바로 전에 멈추고 언더라인은 앞머리와 수평이 되도록 눈꼬리 부분을 넓고 짙게 그린다.

⑤ 움푹 들어간 눈 : 윗라인과 언더라인을 가늘고 자연스럽게 그리면서 눈꼬리 부분을 약간 끌어올려 그려서 긴장감을 준다.

⑥ 부은 눈 : 눈 앞머리부터 꼬리까지 전체적으로 라인을 그리되 윗라인의 눈꼬리와 언더라인을 약간 진하고 굵게 그린다. 펄 함유 아이라이너는 피한다.

⑦ 작은 눈 : 위 · 아래 라인이 눈꼬리에서 만나면 눈길이가 더욱 짧아 보이게 되므로 눈꼬리 부분을 약간 띄워 그린다. 윗꺼풀 라인과 언더라인의 눈꼬리도 직선으로 빼주듯 그리면 눈의 길이가 훨씬 길어 보인다. 위 · 아래 라인을 모두 그리되 언더라인은 아래 눈길이의 1/3정도만 그린다.

⑧ 크고 둥근 눈 : 아이라인의 중간 부분은 생략하고 눈 앞머리와 꼬리 부분만 그리고 언더라인의 눈꼬리 부분에서 연결하여 그려주는데 전체적으로 라인을 가늘고 섬세하게 그린다.

쌍꺼풀 눈

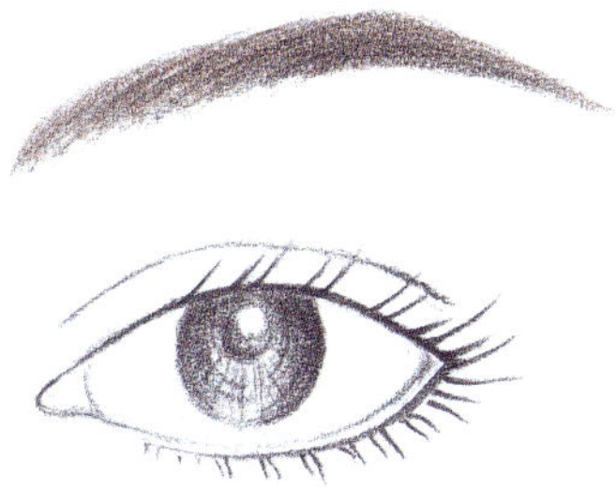

홑꺼풀 눈

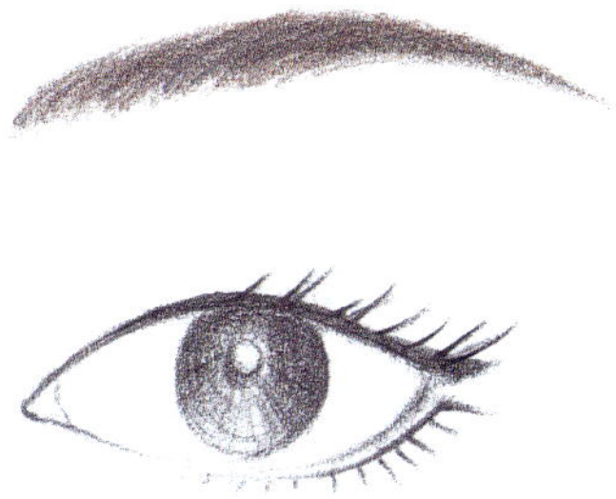

처진 눈

올라간 눈

움푹 들어간 눈

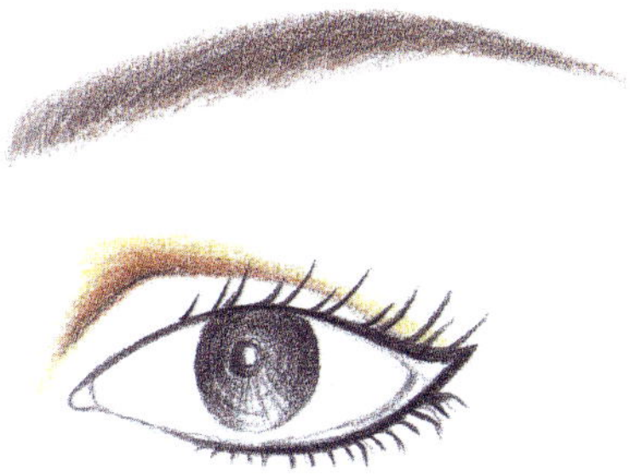

부은 눈

작은 눈

크고 둥근 눈

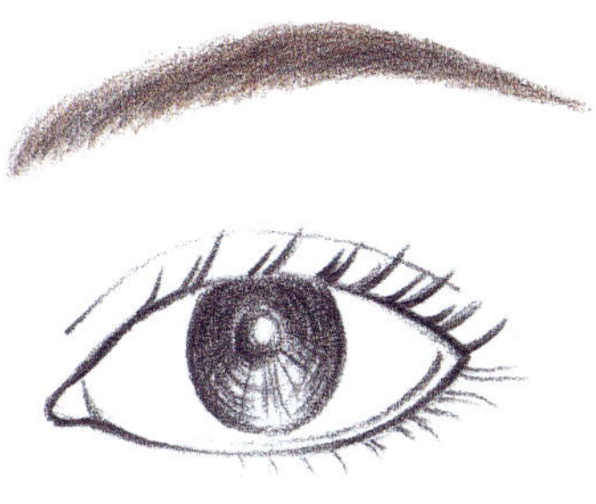

4) 마스카라 메이크업 (Mascara Make-up)

(1) 마스카라의 기능

속눈썹을 짙고 길게 보이도록 하는 마스카라의 색상은 흑색이 일반적이지만 퍼플, 브라운, 블루, 그린 등 다양하며 속눈썹이 많은 사람에게 자연스러운 눈매를 연출하는 투명마스카라도 있다.

① 속눈썹을 길고 짙어 보이게 하여 선명하고 큰 눈매를 연출한다.

② 눈의 깊이감과 입체감을 준다.

(2) 마스카라의 형태

① 볼륨 마스카라(Volume Mascara) : 숱이 많고 진해보이는 효과를 주며, 브러쉬 털이 촘촘하고 굵어 눈썹이 풍부해 보인다.

② 롱래쉬 마스카라(Long-lash Mascara) : 섬유소가 함유되어 속눈썹이 실제보다 길어보이는 효과가 있다.

③ 방수 마스카라(Waterproof Mascara): 건조가 빠르고 내수성이 좋아 여름철이나 눈주위가 쉽게 번지는 경우 사용하면 효과적이다.

④ 투명 마스카라(Clear Mascara): 내추럴 메이크업시 또는 눈썹숱이 많은 사람의 눈썹 연출시 눈썹결을 정리해준다.

⑤ 보정용 마스카라(Under the Lash): 숱이 없는 속눈썹에 왁스와 섬유질이 함유된 마스카라를 발라 풍성하고 컬링된 속눈썹으로 보이는 효과를 준다.

(3) 제형별 분류

① 리퀴드 마스카라(Liquid Mascara) : 지속력과 접착성이 뛰어나며 속눈썹을 선명하게 해주는 액상타입으로 나선형 솔을 사용한다.

② 케이크 마스카라(Cake Mascara) : 안료와 납류가 혼합된 매트한 제품으로서 가장 역사가 오래된 형태이다. 사용할 때 물이나 토너 등을 용매로 하여 스크루 브러쉬에 묻혀 사용하며, 눈물 등 물기에 의해 쉽게 번지는 단점이 있다.

(4) 마스카라의 사용법

① 모델의 눈을 15도 각도 밑으로 응시하게 한 후 아이래쉬 컬러를 사용하여 속눈썹의 가장 안쪽부터 중간, 속눈썹 끝으로 올수록 각도를 위로 올리면서 컬링한다.

② 마스카라는 위에서 아래방향으로 쓸어내린 후 속눈썹의 가장 안쪽에서 바깥방향으로 지그재그 형태로 컬링하며 바른다.

③ 아래 속눈썹은 브러쉬의 끝을 세워 가볍게 바른다.

④ 마스카라가 뭉쳐있을 경우 속눈썹용 브러쉬인 컴브러쉬(comb brush)로 빗어서 정리한다.

5) 인조 속눈썹(False Eyelashes)

인조 속눈썹은 검정을 기본으로 하여 다양한 색상이 있으며 속눈썹이 한 줄에 연결된 것과 심는 속눈썹이 있다.

속눈썹 선택시 눈이 작고 가는 사람은 바깥쪽이 짧고 가운데가 긴 것을 선택하여 눈이 동그랗게 보이도록 할 수 있고, 자연스러운 눈매를 위해서는 눈꼬리쪽에서 중앙 방향으로 1/3이나 1/2정도만 붙이는 등 용도에 적합한 속눈썹을 선택하여 연출의도에 맞게 수정 사용한다.

(1) 인조 속눈썹 붙이는 법

① 속눈썹 케이스에서 눈썹을 뗀 후 유연하게 잘 구부린 다음 눈의 사이즈보다 약간 짧게 잘라 준비하고 필요한 경우 속눈썹의 숱을 정리한다.

② 아이래쉬 전용 글루(glue)를 사용하여 선을 따라 접착제를 바르되 양 끝이 떨어지지 않게 많이 바른다. 그 후 접착력을 높이기 위해 5초 정도 후에 붙이기 시작한다.

③ 중앙에 맞추어 위치를 확인한 후 앞머리, 눈꼬리 순서로 붙인다. 이때 눈앞머리에서 2~3mm 정도 띄워서 붙이며 눈 끝이 쳐지지 않도록 유의한다.

④ 면봉이나 브러쉬 스틱으로 접착 부위를 눌러 지속력이 있도록 한다.

⑤ 눈을 뜬 후 속눈썹의 위치나 각도를 최종 체크한다.

⑥ 인조 속눈썹 붙인 부분을 아이라이너로 다시한번 그려주고 마스카라로 마무리한다.

(2) 인조 속눈썹의 종류

① 자연스런 속눈썹형 : 자연스러운 눈썹 모양으로 보여지게 하여 대중적으로 사용된다.

② 눈이 커보이는 속눈썹형 : 중앙 부분에 숱을 많이 두어 풍성하면서 자연스러운 효과를 내기에 적절하며 내추럴·웨딩 메이크업 등에 많이 사용된다.

③ 심는 속눈썹형 : 90년대 이후 자연스러운 메이크업시 심는 속눈썹을 사용한다.

자연스런 속눈썹형

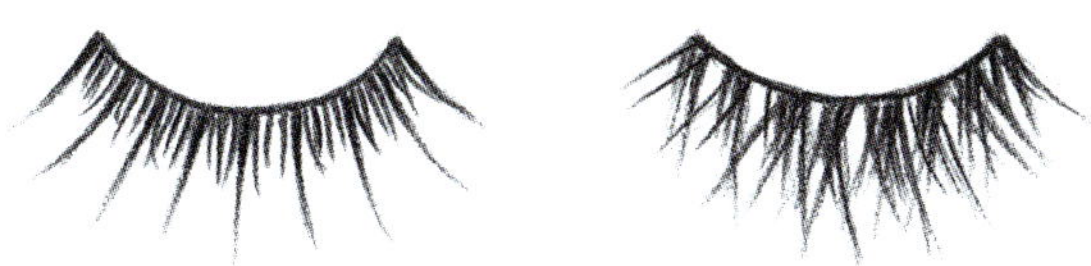

눈이 커보이는 속눈썹형

심는 속눈썹형

V

3. 노우즈 메이크업 (Nose Make-up)

코는 얼굴의 중심에 위치하면서 정적(靜的) 부분으로서 균형감과 입체감을 연출한다.

1) 코 메이크업의 기본 테크닉

(1) 코의 입체감을 위해 콧대에는 베이스 파운데이션보다 2단계정도 밝은 하이라이트용 파운데이션을 바르고, 코벽에는 2단계 더 어두운 파운데이션을 펴 발라준다.

(2) 그 위에 베이스 파우더를 바르고 브러쉬로 눈썹 앞머리에서부터 수직으로 노우즈 섀도우를 넣어 주면서 코벽에도 갈색 섀도우를 펴 발라 그라데이션하며 자연스럽게 그림자를 넣어준다.

4. 립 메이크업 (Lip Make-up)

입술은 움직임이 많고 표정이 풍부하게 드러나므로 얼굴의 포인트 역할을 하는 부분이다.

입술 화장은 형태와 각도를 고려하여 입술 윤곽을 살려주고 입술의 색감을 부여하여 얼굴에 생동감을 표현해 준다.

1) 립 메이크업의 기능

(1) 색상을 이용하여 강조의 효과와 함께 입체감을 준다.

(2) 입술 형태를 수정·보완하여 이상적 이미지를 연출한다.

(3) 추위나 건조 등의 외부자극으로부터 입술을 보호한다.

2) 제품의 종류

(1) 립스틱(Lip Stick) : 스틱 상태로 되어 있는 가장 일반적인 형태로 색상과 질감이 다양하며 색상 위주의 제품, 오일 함유가 많아서 광택 위주의 효과를 주는 제품, 펄함량이 많아서 반짝이는 질감 위주의 제품 등 입술에 변화를 주어 다양한 이미지를 연출한다.

(2) 립크림(Lip Cream) : 용기에 담겨진 젤타입으로 촉촉하고 선명한 입술로 표현된다.

(3) 립글로스(Lip Gloss): 입술을 윤기있고 촉촉하게 할 수 있도록 오일이 함유되어 있어서 입술을 보호하며 색상은 투명이 일반적이지만 색소가 포함된 여러 컬러도 생산된다.

(4) 립라이너(Lip Liner) : 입술 형태를 수정·보완하여 입술 화장의 지속성을 높여주며 입술선을 선명하게 표현해준다.

3) 선택조건

(1) 립스틱 전체가 균일하고 색상이 얼룩지지 않는 것

(2) 사용시 매끄럽게 발라지고 퍼짐성이 좋은 것

(3) 향이 강하지 않고 은은한 것

(4) 립스틱 색이 입술에 착색되지 않는 것

4) 피부색과 조화되는 립컬러

피부톤		립컬러
핑크 베이스	흰 피부	핑크, 붉은보라, 레드
	희고 붉은 피부	퍼플, 블루이쉬, 바이올렛
옐로우 베이스	노르스름한 피부	오렌지, 코럴, 레드
	황갈색 피부	테라코타, 브라운

5) 입술 화장시 유의사항

(1) 입술의 구각과 윗 입술은 어두운 색으로 바르고, 입술 중앙은 하이라이트 효과를 주어 밝은 색으로 칠해주면 입술의 입체감을 줄 수 있다.

(2) 입술색이 짙은 경우는 선명하고 짙은 색상을 바르고, 입술색이 옅은 경우는 페일톤 등의 파스텔 계열로 발라주어 본래의 입술색의 이미지를 살려주는 것이 자연스럽다.

(3) 입술이 큰 경우는 짙은 색, 작은 경우는 옅은 색에 펄제품을 사용하며, 튀어나온 입술은 짙은 색을 사용한다.

(4) 입술 화장을 오래 지속하면서 선명하게 하기 위해서는 처음 립컬러를 바르고 티슈로 한번 누른 후 파우더를 바르고 다시 립컬러를 바른다.

V

6) 립라인에 따른 이미지

입술의 이미지는 립스틱의 색상, 입술산의 각도, 두께 등에 따라 달라진다.

(1) 이상형 입술

아름다운 입술은 윗 입술과 아랫입술의 비율이 1대 1.5이다.

입술의 양끝은 눈동자 중앙에서 수직으로 내린 선의 약간 안쪽에 위치한다.

입술 그리는 순서는 1번과 같이 먼저 윗 입술의 중앙에 세로 기준선을 긋고 2번처럼 동일한 각도로 입술산을 그린다. 그 후 3번과 같이 구각에서 입술산을 향해 립라인을 그리고 4번과 같이 아랫입술의 두께를 정하기 위한 가로선을 그리고 5번과 같이 아랫입술 라인을 그린 후 립컬러를 채워 표현한다.

이상형 입술

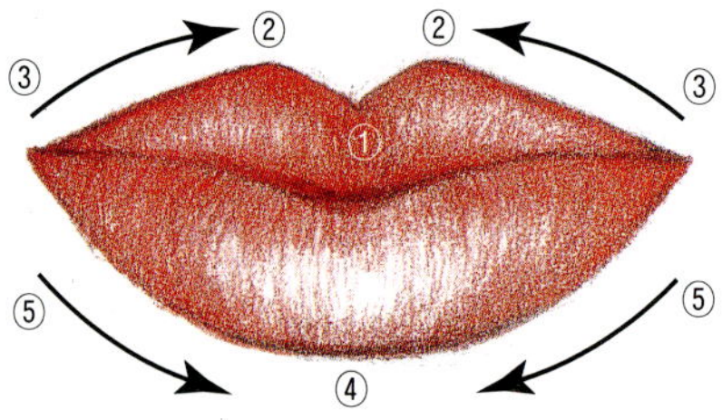

입술 그리는 순서

(2) 직선 커브(Straight curve)

입술산과 아랫입술 중앙을 각지게 그린다.

활동적이고 이지적이며 현대적이고 샤프한 이미지를 나타낸다.

단정한 느낌도 주므로 유니폼을 착용하는 경우 어울린다.

(3) 인 커브(In curve)

본래 입술보다 안쪽으로 향한 커브로서 구각부분을 입술라인 안쪽으로 그리면 귀엽고 발랄하며 여성스러운 이미지를 나타낸다.

(4) 아웃 커브(Out curve)

본래 입술보다 바깥쪽을 향한 커브로서 입술산을 약간 벌어지게 그리면서 구각에서 연결되는 위 · 아래 립라인을 둥글고 도톰하게 그려준다.

여성적이고 섹시하며 에로틱하고 세련된 이미지를 나타낸다. 큰 얼굴의 골격을 다소 작아보이게 하는 착시효과를 준다.

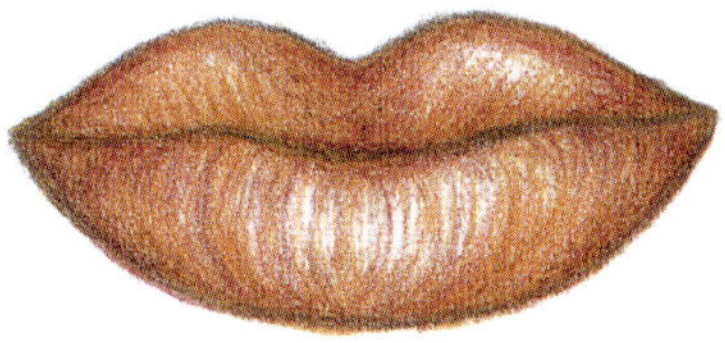

(5) 로즈버드 립 커브(Rosebud lip curve)

본래 입술보다 안쪽으로 향하면서 곡선의 정도가 심하여 구각이 뾰족하고 입술폭이 좁으면서 아랫입술 중앙이 도톰하여 장미꽃 봉오리와 같은 형태로 표현한다.

바로크 · 로코코 시대의 메이크업에도 보여졌으며 어린이의 입술과 같은 이미지를 주어 청순미와 귀엽고 사랑스러운 이미지를 나타낸다.

7) 입술형태에 따른 수정 테크닉

(1) 얇은 입술

부드러워 보이기는 하지만 빈약해 보이는 입술이므로 본래 입술선보다 1~2mm 정도 늘려서 밖으로 둥글게 그린다. 그리고 옅은 색이나 펄이 있는 립스틱 색상을 바르는 것이 입술을 보다 두껍게 보이도록 보완해준다.

(2) 두터운 입술

현대적인 느낌이기도 하지만 투박스러워 보이는 입술이므로 본래의 입술 윤곽선보다 1~2mm 정도 안쪽으로 그리며 특히 입술산은 완만하게 하여 두터움이 감해보이도록 한다.
진한 색상의 립스틱 컬러를 발라 축소효과를 준다.

(3) 작은 입술

전체적으로 각의 위치를 좌우 대칭되도록 하면서 길이, 크기를 1~2mm 정도 넓게 그리고 펄, 립글로스, 파스텔 계열의 옅은 색상의 립스틱을 발라 확장효과를 준다.

(4) 큰 입술

본래 입술선보다 1~2mm 작게 인 커브로 그리고 짙은 색의 립스틱을 바른다.

(5) 윗 입술이 두꺼운 경우

윗 입술의 윤곽선보다 1~2mm 정도 작게 그리고 아랫 입술은 늘려 그리며, 동일색상을 바르되 윗 입술은 짙은 색, 아랫입술은 펄 제품을 사용하여 밝게 처리한다.

(6) 구각이 처진 입술

입꼬리가 처진 사람은 활기가 없어 보이고 어두운 이미지를 주며 나이가 들어보이므로 구각을 1~2mm 정도 위로 올려 그리고 윗 입술은 인 커브 라인으로 그리면서 아랫 입술은 아웃 커브로 그려 처진 입술을 올라가 보이도록 한다.

5. 치크 메이크업 (Cheek Make-up)

블러셔(blusher)는 얼굴에 입체감과 생동감을 주고 이미지를 변화시키는 등 메이크업 분위기를 개성있게 변화시킬 수 있는 역할을 한다.

1) 치크 메이크업의 기능

(1) 피부에 혈색을 부여하여 생동감을 준다.
(2) 얼굴에 음영을 주어 입체감을 표현한다.
(3) 얼굴형의 수정효과를 준다.

2) 치크 메이크업 제품의 종류

(1) 케이크 타입(Cake type)

색상 표현이 용이하고 그라데이션이 잘 되며 둥글고 큰 치크 브러쉬(blush brush)로 바른다.

일반적으로 폭넓게 사용되는 타입이며 아이섀도우와 겸용으로 사용할 수 있고, 파우더를 바른 후 사용한다.

혈색이나 윤곽수정 등에 사용된다.

(2) 크림 타입(Cream type)

파운데이션을 바른 후 파우더를 바르기 전에 손가락으로 크림 블러셔를 묻혀 볼부위에 찍고 그라데이션하며 펴준다.

자연스런 혈색과 촉촉한 피부 질감을 주는 피부표현에 사용되며 립 컬러로도 효과를 낼 수 있다.

3) 치크 메이크업의 색상 선택

피부색, 립색상, 아이섀도우 색상에 맞춘다.

색상	이미지
핑크	귀엽고 여성스런 이미지 혈색없는 흰피부에 적합하여 혈색을 부여한다. 피부색이 어두운 경우에는 명도가 낮은 다소 진한 핑크인 로즈계열을 사용하는 것이 조화롭다.
오렌지 산호색	건강하고 생동감있는 이미지 노르스름 하거나 어두운 피부색에 주로 사용하며 노란색이 많이 가미된 오렌지색은 얼굴에 혈색을 주기보다 더 어둡고 노랗게 보일 수 있으므로 레디쉬 오렌지(Reddish Orange)계열, 산호색을 사용하는 것이 좋다.
브라운	세련되고 성숙한 이미지 혈색을 주기 보다는 음영효과를 주어 입체감을 강조하기 위해 주로 사용하며 컬러가 아닌 명도로 표현하는 흑백사진 메이크업에서 사용한다.

4) 치크 메이크업의 기본 위치

블러셔를 할 때의 위치는 모델이 정면을 보고 있을 때 코끝과 귀밑을 연결한 수평선과 눈동자의 바깥부분에서 수직으로 내린 선에서 형성되는 사각형안에서 사선방향 즉 귀에서 볼쪽으로 터치한다.

5) 치크 메이크업의 방법

(1) 블러셔는 입체감을 부여하기 위해서 관골부위는 진한 색상으로, 관골 위는 약간 밝은 색상을 사용하여 경계선이 생기지 않도록 관골을 감싸듯이 그라데이션한다. 눈 밑 눈꼬리부분에 페일톤으로 하이라이트를 주면 생기와 입체감을 표현할 수 있다.

(2) 색이 너무 진하게 표현되지 않도록 손등에서 미리 농도를 조절하여 사용하며 색감을 약하게 여러번 덧바르면서 진하게 표현한다.

(3) 브러쉬로 블러셔를 넣어야 할 부위에 두드리거나 (Patting) 굴리는 기법으로 표현한다. 이때 너무 색이 진하게 표현되었을 때에는 퍼프로 파우더를 바르면 완화된다.

(4) 브라운 계열의 색상들은 음영을 줄 수는 있으나 혈색을 부여하기 어려우므로 관골 위쪽은 붉은 계열의 색상을 선택한다.

6) 바르는 범위에 따른 테크닉

(1) 넓게 바를 때 : 바르는 범위의 중심에서 바깥쪽을 향하여 자연스럽게 바르거나 바르는 범위의 중심에서 주변으로 두드리듯이 패팅기법으로 바른다.

(2) 좁게 바를 때 : 바르는 범위에서 브러쉬를 상하로 움직이며 바른다.

(3) 선적인 느낌을 강조할 때 한쪽방향으로 움직여서 바른다.

7) 얼굴형에 따른 블러셔

(1) 둥근형 : 입꼬리를 향하도록 터치한다.

(2) 사각형 : 턱끝을 향하도록 터치한다.

(3) 역삼각형 : 코끝을 향하도록 터치한다.

(4) 긴형 : 콧대를 향하는 가로 방향으로 터치한다.

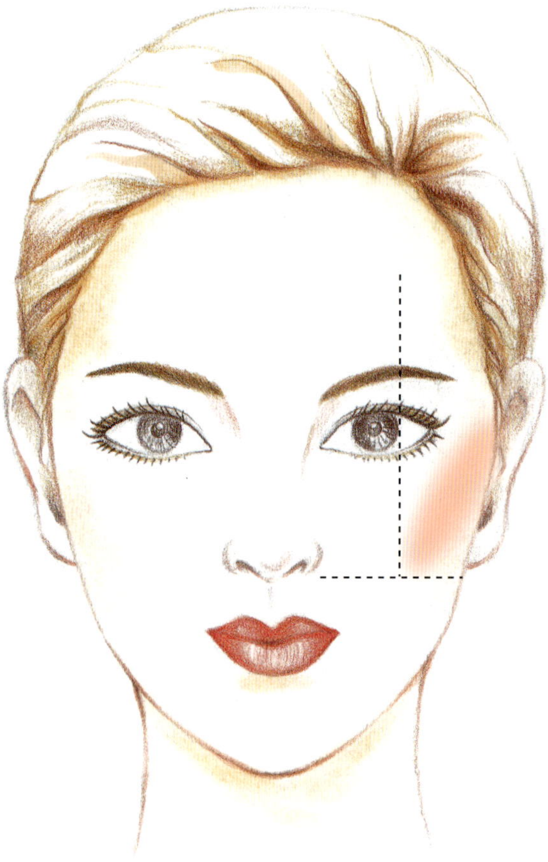

블러셔의 기본 위치

8) 이미지에 따른 블러셔 위치

(1) 귀여운 이미지

관골의 앞쪽인 눈 밑의 뺨부분에 둥글게 표현한다. 자연스럽게 보이도록 그라데이션에 유의한다.

(2) 지적인 이미지

관골의 위쪽은 블러셔로 정한 색의 밝은 색으로 하이라이트를 주고, 그 아래쪽은 약간 어두운 색으로 표현한다.

(3) 활동적인 이미지

관골을 중심으로 사선방향의 선적인 느낌으로 어두운 컬러를 바른다.

(4) 여성적인 이미지

관골을 중심으로 감싸면서 터치하며 관자놀이에도 엷게 펴 바른다.

귀여운 이미지

지적인 이미지

활동적인 이미지

여성적인 이미지

6. 얼굴형별 메이크업 적용

다양한 얼굴형과 그에 혼합형의 모델들이 많으므로 개개인의 얼굴형을 파악하여 보정하기 위해 계란형으로 보이게 하는 착시효과와 균형감을 주는 메이크업을 계획 적용하는 것이 필요하다.

1) 계란형(Oval Face)

가장 이상적인 얼굴형으로서 형태의 장점을 살리고 입체감을 부여하기 위해 관골 주위에 자연스럽게 쉐이딩을 주고 눈 밑에 하이라이트를 주며 혈색을 부여하기 위해 약하게 블러셔를 해준다.

기본형 눈썹에 입술형태는 윗 입술은 인 커브, 아랫 입술은 아웃 커브가 가장 이상적인 아름다움을 준다.

2) 긴형(Oblong Face)

얼굴의 폭에 비해 길이감이 강조되는 얼굴형으로서 다소 짧아 보이도록 이마 끝과 턱 끝에 가로로 쉐이딩을 넣고 눈 밑 하이라이트도 가로 방향으로 효과를 준다.

일자형 눈썹에 블러셔도 가로 방향으로 넣어준다.

3) 둥근형(Round Face)

얼굴의 넓이감을 축소시켜 갸름해 보이도록 하기 위해 양 볼의 뒷부분, 이마의 양쪽 헤어라인 부위, 턱선 등 얼굴 외곽 부위를 중심으로 쉐이딩을 넣어주며, 이마, 콧대, 눈 밑, 턱 중앙부위에 길이감을 주는 세로 형태로 하이라이트 효과를 준다.

각진형이나 약간 상승형의 눈썹, 입꼬리 방향의 사선 형태 블러셔를 넣어 길이감을 주는 착시효과를 유도하여 표현한다.

입술은 진한 색으로 선택하여 윗 입술은 각진 형, 아랫 입술은 아웃 커브로 표현하는 것이 하관을 축소시켜 보이도록 하는 테크닉이다.

4) 역삼각형 (Inverted Triangular Face)

이마가 넓고 아래턱 부위가 좁아서 뾰족하고 다소 날카로운 이미지를 줄 수 있는 얼굴형이므로 양 쪽 아랫볼 부위에 하이라이트를 넣어 야윈 이미지를 보정하며 넓은 이마 양쪽과 뾰족한 턱에 쉐이딩 효과를 준다.

눈썹은 눈썹산의 위치를 눈썹길이의 1/2정도에 주어 넓은 이마로 인한 시선 분산을 좁혀 갸름하게 보이면서 날카로움을 감소시킨다.

5) 사각형(Square Face)

양쪽 턱이 각을 이루어 얼굴의 넓이와 길이가 거의 비슷한 얼굴형으로서 이마 양옆, 각진 턱뼈 부위에 쉐이딩을 넣어주고 T존과 눈 밑, 턱 중앙에 세로로 하이라이트 효과를 준다.

눈썹은 각진 얼굴을 커버하기 위해 부드러운 아치형을 약간 두껍게 그린다.

블러셔는 관골을 감싸면서 턱선까지 연결하여 다소 폭넓게 바르며 턱끝방향을 향하도록 한다.

입술은 아웃 커브로 표현하는 것이 얼굴을 갸름해 보이도록 착시효과를 줄 수 있다.

6) 다이아몬드형(Diamond Face)

얼굴의 상하는 좁고 관골이 있는 중앙부위는 넓으며 양턱선도 발달한 얼굴형으로서 이마 중앙과 옆까지 넓게 하이라이트를 주고 턱선과 튀어나온 관골에는 쉐이딩 효과를 준다.

튀어나온 관골이 다소 완화되어 보이면서 분산된 시선을 모을 수 있도록 눈썹의 앞머리를 강조하여 약간 상승된 아치형으로 표현한다.

블러셔는 관골을 중심으로 폭넓게 바른다.

계란형

긴 형

둥근형

역삼각형

사각형

다이아몬드형

MAKE UP IDEA MAKE UP IDEA MAKE UP IDEA MAKE UP IDEA MAKE UP IDEA MAKE UP IDEA MAKE UP IDEA MAKE UP IDEA MAKE UP IDEA MA

Ⅵ

테마(Theme) 메이크업

테마 메이크업 (Theme Make-up)

1. 내추럴 메이크업 (Natural Make-up)

내추럴(natural)이란 '자연의, 천연의, 가공하지 않은'의 뜻으로 내추럴 메이크업이란 인위적인 테크닉보다는 얼굴형태나 피부톤, 결점 등을 완벽하게 커버하지 않는 자연스러운 메이크업이다.

메이크업 제품의 양이나 색상을 절제하여 자연스러운 명암과 윤곽을 주는 결과를 연출하며 부드럽고 신선한 이미지를 전달하는 기본 메이크업이면서 지속적으로 인기있는 메이크업 중 하나이다.

VI

1) Base

피부색과 유사한 색의 리퀴드 파운데이션이나 크림 파운데이션 모두 사용 가능하지만 소량으로 피부톤을 고르게 보이도록 펴바르고 다크 서클을 얇게 커버한 후 파운데이션 색이 그대로 유지되는 투명파우더로 유분기를 제거한다.

자연스런 음영을 주기 위해 파운데이션이나 파우더를 이용하여 얼굴 형태를 보완하는 하이라이트와 쉐이딩을 그라데이션 시켜준다.

2) Eye brows

아이섀도우나 아이브로우 케이크로 브라운이나 웜 그레이 등 모발 색상과 유사한 색을 선택 혼합하여 눈썹 결을 살리면서 자연스럽게 그려준다.

3) Eye shadow

베이지, 살구, 웜 핑크 등 피부색과 유사한 색상의 페일 · 라이트 톤 컬러들을 메인컬러로 사용하고, 아이보리 색상을 하이라이트로 사용하며 부은 눈은 아이홀 부위에 동일 색상의 약간 어두운 색조로 터치한다. 포인트는 다크 브라운이나 웜그레이로 터치한다.

아이라인은 크레용 펜슬 블랙이나 브라운을 사용하여 속눈썹 사이사이를 메우듯이 터치한 후 유사색의 아이섀도우로 그라데이션 한다. 블랙이나 브라운 마스카라를 사용하여 속눈썹을 풍성하게 함으로써 눈매를 자연스럽게 또렷하도록 만들어 준다.

4) Blusher

자연스러운 메이크업의 특징을 살려 최소량으로 표현하여야 하므로 연한 핑크, 피치, 베이지, 미디움 브라운 색상을 사용하여 얼굴형을 수정, 보완하는 방향으로 가볍게 그라데이션하여 준다. 결과적으로 건강하고 자연스럽게 홍조를 띄도록 하며 약하게 윤곽 수정 되도록 한다.

5) Lips

모델 원래의 입술색을 유지하는 것이 자연스러우므로 립라이너와 립컬러를 본래 입술색과 유사하며 옅은 색으로 선택하는데 미디움 브라운, 웜핑크, 오렌지 빛 베이지 등이 어울린다.

2. 파티 메이크업 (Party Make-up)

파티 메이크업은 화려하고 대담한 이미지로서 모델이 지닌 개성적 이미지를 부각하며 형식에 얽매이지 않고 컬러나 제품의 질감표현 등을 자유롭게 표현할 수 있다.

우리나라에도 다양한 형태와 규모의 파티문화가 점차 자리잡아가고 있으므로 모델의 이미지, 파티의 성격, 의상, 조명에 따른 다양하고 과감한 메이크업을 시도하며 모델 고유의 이미지를 살리면서 더욱 부각시키는 것이 가장 자연스럽게 화려한 이미지를 줄 수 있다.

일반적으로는 입술이나 눈 중 한 곳에 포인트를 주는 원 포인트 메이크업이 세련된 표현이지만 파티 메이크업에서는 그 특성상 양쪽을 모두 강조하여 표현할 수 있으며, 조명으로 인해 메이크업 컬러톤이 다소 다운되어 명·채도가 낮아보이므로 얼굴이 창백하거나 평면적으로 보일 수 있기 때문에 다소 진하게 입체 화장을 하도록 한다.

크리스찬 디올 메이크업 광고, 2003

VI

1) Base

- 지성적 이미지 : 보습위주의 스킨 케어 제품을 바르고 펄 함유된 메이크업 베이스, 리퀴드 파운데이션을 사용하여 약간의 윤기가 있도록 하며, 투명분을 써서 매트한 피부 표현을 하여 지적이고 깔끔한 이미지를 준다.
- Sexual 이미지 : 펄 함유된 메이크업 베이스, 컨실러로 잡티를 커버하고, 모이스춰라이저와 리퀴드 파운데이션을 혼합하여 더욱 촉촉하고 윤기있는 피부표현을 하며, 투명분을 페이스브러쉬에 소량 묻혀 둥글게 터치한다.
  미디움 브라운 색상의 파우더로 자연스럽게 윤곽 수정을 하고 쉬머 파우더로 콧대, 눈밑 부분에 미세한 광택을 주어 얼굴에 입체감과 화사한 이미지를 부여한다.
- 로맨틱 이미지 : 펄 함유된 메이크업 베이스, 컨실러를 사용하고 모델의 피부색보다 약간 밝은 베이지 파운데이션을 바르고 옅은 핑크로 하이라이트를 하며, 투명과 핑크, 바이올렛 색상의 파우더를 가볍게 사용한 후 펄이 함유된 핑크파우더로 하이라이트를 주면 보다 화사한 피부표현을 할 수 있다.

2) Eye brows

- 지성적 이미지 : 기본형이나 각진형 눈썹으로 하여 이지적 이미지를 준다.
- Sexual 이미지 : 아치형 눈썹으로 우아하고 선정적 이미지를 준다.
- 로맨틱 이미지 : 기본형이나 아치형 눈썹으로 부드러운 이미지를 주며 바이올렛 등의 컬러를 부분적으로 터치하여 신비롭고 환상적인 이미지를 준다.

3) Eye shadow

- 지성적 이미지 : 소프트톤이나 라이트톤 등 중간색조의 베이지, 브라운, 테라코타, 골드 등의 색상을 활용한 유사배색을 하여 세련되고 지적 이미지를 연출하며 동일계열의 펄 제품도 터치하여 화려함을 부가시킨다. 점막을 화이트 펜슬로 터치하고 코울 펜슬이나 리퀴드 타입 아이라이너로 눈꼬리를 살짝 빼주어 표현하며 입체감을 위해 노우즈 섀도우도 약하게 넣어준다.
- Sexual 이미지 : 쉬머나 글리터 제품을 눈과 눈 밑, 콧대 등에 적절히 사용하여 화려하고 대담한 이미지를 표현한다. 화이트 펄, 핑크 펄, 퍼플 펄, 블루 펄 컬러로 메인, 포인트, 하이라이트 부위에 터치하며 더욱 깊이감있는 눈매를 위해 아이홀 메이크업을 하고 눈꼬리를 길게 빼주며 언더라인까지 연결하여 스모키 아이(smoky eye)로 표현해도 좋다.
  마스카라와 인조속눈썹을 활용하여 풍성하고 매혹적인 눈매를 만들어 준다.
- 로맨틱 이미지 : 핑크, 바이올렛, 페일·라이트톤의 블루, 옐로우 등 여성적이고 사랑스러운 달콤함을 주는 이미지의 색상을 중심으로 쉬머, 글리터 제품을 부분적으로 사용하며, 귀엽고 로맨틱한 이미지를 주기 위해 안구를 감싸듯이 눈을 둥글게 터치한다. 검정색이나 와인색으로 아이라인을 그리고, 마스카라나 인조 속눈썹의 컬러를 아이섀도우 컬러와 조화되도록 선택하여 표현할 수도 있다.

4) Blusher

- 지성적 이미지 : 립컬러나 아이섀도우 컬러와 유사한 브라운 계열로 음영을 주며, 로즈나 레디쉬 브라운으로 관골 위쪽에 표현하여 입체감과 자연스런 화사함을 준다.
- Sexual 이미지 : 핑크, 레디쉬 핑크 컬러로 그라데이션하고 핑크 펄 파우더를 살짝 터치하여 입체감과 화려함을 표현한다.
- 로맨틱 이미지 : 핑크, 레디쉬 핑크, 새먼 핑크(salmon pink) 컬러로 터치하되 엔젤 치크처럼 볼 중심부위에서 둥글게 그라데이션하고 브러쉬에 남은 컬러는 귀 방향과 관자놀이 방향으로 연결한다.

5) Lips

- 지성적 이미지 : 윗입술은 인커브, 아랫입술은 아웃커브로 하여 브라운 립펜슬로 라인을 그리고 브라운, 레디쉬 브라운 등의 립컬러를 바르며, 아랫입술 중앙에 펄을 터치할 수 있고 립글로스를 덧발라 입체감과 생동감을 준다.
- Sexual 이미지 : 아웃커브로 하여 립라이닝하고 레드나 와인 립컬러를 바르며, 펄이나 글리터를 부분적으로 터치하고 립글로스를 덧발라 입체감과 생동감을 준다.
- 로맨틱 이미지 : 로즈버드 립으로 하여 작고 도톰한 입술 형태가 되도록 립라이닝하고 핑크, 와인, 새먼 핑크 등의 컬러를 바르며, 펄을 부분적으로 터치하고 립글로스를 덧발라 입체감과 생동감을 준다.

VI

3. 웨딩 메이크업 (Wedding Make-up)

인생에서 중요하고 신성한 의식인 결혼식의 메이크업은 신부와 신랑의 얼굴형과 이미지에 부합되면서 생애에서 가장 아름답고 순결하며 숭고하게 보여져야 한다. 또한 드레스 디자인, 예식장소와 시간 등도 고려해서 연출해야 하는데 우아하고 화사한 신부로 최대한 아름답게 표현하여야 하므로 혈색이 느껴지는 화사한 피부표현이 되도록 하며, 또한 결혼식, 폐백, 사진 촬영 등 장시간의 진행에 화장이 지워지지 않도록 지속력에 신경을 써야 한다.

1) 신부 메이크업(Bride Make-up)

(1) 귀여운 이미지(Cute Image)

신부의 나이가 본래 어리거나 혹은 신랑보다 연상일 경우 신부들은 어려보이고 발랄하며 귀여운 이미지의 메이크업을 선호하게 된다.

- Base : 피부결이나 피부톤이 좋은 신부는 리퀴드 파운데이션 밝은 베이지나 핑크계열의 컬러를 소량 사용하여 최대한 투명하고 맑은 느낌을 주며 잡티가 있으면 컨실러로 완벽하게 커버하고 투명분과 핑크 파우더를 터치하여 화사함을 표현한다.
- Eye brows : 자연스러운 눈썹을 최대한 살릴 수 있도록 눈썹을 많이 정리하지 않으며 기본형이나 약간 각진형으로 하여 약간 두껍고 눈썹 끝이 처지지 않도록 한다.
- Eye shadow : 페일톤이나 라이트톤의 옅은 핑크, 블루, 옐로우 등의 파스텔 컬러로 자연스럽게 그라데이션한다. 아이라인은 블랙이나 브라운으로 하여 또렷한 눈매를 표현하며 눈 점막부분에 화이트 펜슬로 그려주어 눈이 맑고 자연스럽게 보여지도록 한다. 인조 속눈썹은 둥글고 자연스런 얇은 헤어의 속눈썹을 선택하여 붙여준다.
- Blusher : 엔젤 치크 형태인 라운드 형태로 볼 중심에서부터 핑크나 피치 계열의 색상으로 그라데이션하여 귀엽고 수줍은 신부 이미지를 표현한다.
- Lips : 입술 수정이 필요한 경우 로즈버드 립으로 작고 도톰한 형태를 립라이닝하며 연한 핑크나 브라이트 톤의 핑크, 새먼 핑크 등의 컬러를 선택하여 바른 후 립글로스를 덧발라 촉촉하고 생기있는 신부 이미지를 완성한다.

(2) 우아한 이미지(Elegant Image)

우아한 이미지의 신부는 지적인 여성미를 살릴 수 있으므로 일반적으로 선호하며 대중적으로 어울릴 수 있는 컨셉이다. 나이가 있는 신부, 지적인 이미지의 신부일 경우 자연스러운 우아함과 고상한 세련미를 줄 수 있다.

- Base : 라이트 베이지, 브라운 계열, 아이보리 컬러의 파운데이션을 활용하여 베이스, 쉐이딩, 하이라이트를 주어 얼굴에 입체감과 화사함을 부여한다.
- Eye brows : 헤어 컬러와 유사한 색상으로 브라운이나 그레이쉬 브라운 등의 색상을 얼굴형을 보완하는 아치형, 기본형으로 그려 지적이고 부드러운 여성미를 표현하는데 눈썹산을 너무 높지 않게 한다. 눈썹은 아이브로우 케이크나 아이섀도우로 그리고 눈썹꼬리의 좁고 얇은 부위는 아이브로우 펜슬로도 그려서 세심하고 오래 지속되도록 이중 터치를 해준다.
- Eye shadow : 라이트 바이올렛, 웜 핑크, 베이지, 골드 색상 등을 여러번 덧발라 그라데이션 해주고 포인트로 그레이, 다크 바이올렛, 브라운 색상 등을 사용하여 깊이 있고 매력있는 눈매를 표현한다. 아이라인은 블랙이나 브라운, 다크 그레이 색상 등으로 너무 동그랗지 않고 눈꼬리를 약간 사선으로 길게 그려준다. 인조 속눈썹과 마스카라를 표현하여 크고 또렷한 눈매를 강조한다.
- Blusher : 로즈, 핑크 브라운, 피치계열의 색상을 사용하여 관골을 감싸면서 그라데이션하여 블러셔한다.
- Lips : 레디쉬 브라운, 오렌지 브라운, 핑크 브라운 등의 색상을 칠해주고 부분적으로 골드 펄을 터치하여 성숙하고 우아한 이미지를 살려준다.

(3) 섹시 · 트렌디 이미지 (Sexy · Trendy Image)

개성적이고 유행에 민감한 신부들을 위한 글래머러스 이미지를 연출하고자 할 때 퍼플, 바이올렛, 그린, 블루, 다양한 펄 등을 활용한다.

- Base : 펄 메이크업 베이스, 리퀴드나 크림 파운데이션, 펄 크림, 펄 파우더 등으로 얼굴에 입체감과 윤기를 주어 화려함을 표현한다. 네크라인이 깊게 파인 웨딩드레스를 입는 신부는 얼굴과 목의 경계선이 생기지 않도록 색상을 맞추어야 한다.
- Eye brows : 약간 각진 형으로 개성있게 표현하며 브라운, 그레이쉬 브라운으로 헤어를 살려 터치하거나 세심하고 진하게 그려준다.
- Eye shadow : 바이올렛이나 라이트 블루 계열로 그라데이션하고 다크 바이올렛, 그레이, 실버 컬러 등으로 포인트를 주며 언더라인에도 바이올렛이나 블루, 펄컬러로 터치하여 깊이감을 준다.
- Blusher : 브라운 케이크 블러셔로 윤곽 수정을 하고 핑크, 바이올렛으로 블러셔를 터치하며 펄파우더를 부분적으로 사용할 수도 있다.
- Lips : 레드, 오렌지 레드, 와인, 핑크, 퍼플 등 원색적이거나 짙은 색상을 선택하고 입술에 부분적으로 펄이나 글리터를 터치하며 립글로스를 발라 입술에 생기와 화려함을 부여한다.

2) 신랑 메이크업

신랑도 균일한 피부톤으로 정돈된 번들거림 없는 얼굴이 좋은 인상을 주므로 자연스럽게 메이크업을 한다.

- Base : 소량의 크림 파운데이션을 바르고 파우더를 사용하거나 혹은 투웨이 케이크로 균일하면서 매끄러운 피부를 만들어 준다. 신랑 본래의 피부와 유사한 컬러를 선택하여 너무 밝아지지 않도록 주의하여야 하며 또한 신부의 피부색과 너무 차이가 나지 않도록 한다.
- Eye brows : 아이브로우 케이크나 아이섀도우의 브라운이나 그레이쉬 브라운 컬러를 앵글 브러쉬를 사용하여 빈 곳을 메꾸듯이 자연스럽게 터치하며, 숱이 많은 눈썹은 약간 눈썹 정리를 하고 베이지 컬러로 옅은 이미지를 주거나 투명 마스카라로 쓸어준다.
- Eye shadow : 베이지나 미디움 브라운으로 눈꺼풀에 연하게 바르고 눈썹뼈에 아이보리 컬러로 하이라이트를 준다. 눈매가 또렷하지 않을 경우 브라운으로 아이라인을 따라 정리한다.
- Blusher : 내추럴 브라운 컬러로 가볍게 관골 부위, 턱선 등에 음영을 준다.
- Lips : 건조한 입술은 립밤을 발라 입술을 보호하고 수분을 공급해 주며 미디움 브라운 컬러를 엷게 펴 바르고 립글로스를 살짝 발라 혈색을 준 후 티슈로 눌러 글로시한 효과를 감해 준다. 입술선이 흐린 경우 갈색 펜슬로 입술선을 그려준 후 면봉이나 립 브러쉬로 라인을 자연스럽게 펴주며 입술 중앙에 립글로스를 살짝 바른다.

3) 장소에 따른 웨딩 메이크업

(1) 실내 웨딩홀

일반적으로 가장 많이 이용하는 장소로서 샹들리에, 할로겐 등 노란색 계열의 조명이 많이 설치되어 실내가 매우 밝은 편이므로 평상시 메이크업보다 레드나 핑크기를 가미하여 피부표현이나 립컬러에 적용하여 화사하고 수줍은 신부 이미지를 살려준다.

(2) 교회나 성당

웅장하고 엄숙하며 조명이 어두운 교회나 성당은 신부의 본래 피부톤보다 한 톤 밝게 하고 립컬러는 와인이나 브라이트 핑크 계열로 하여 화사하고 우아한 신부의 이미지로 연출한다.

(3) 야외 예식장

야외는 넓고 트인 공간이면서 자연광은 밝으나 자칫 화려한 분위기가 감소될 수 있으므로 포인트 컬러를 다소 선명하고 진하게 하여 또렷한 눈매를 표현해 주고, 햇빛의 반사에 의해 자칫 눈썹이 흐릿하게 보이거나 눈썹꼬리가 안 보일 수 있으므로 다소 짙고 세밀하게 그려준다.

4. 한복 메이크업

단아한 이미지로 우리 고유의 멋을 느낄 수 있는 한복은 고운 선과 화사하면서도 은은한 색상, 화려한 문양이 돋보이는 의상이다. 한복 메이크업은 전체적으로 너무 화려하지 않게 밝고 화사하면서도 깨끗하고 은은하게 연출한다. 한복의 선적인 요소와 조화를 이루는 눈썹, 아이라인, 입술은 명확하면서도 또렷한 선을 완성시키고 면적인 요소가 적절하게 조화를 이룰 수 있도록 한다.

1) Base

한복은 일반 의복에 비해 화려한 색상과 문양이 돋보이는 의상이므로 피부 빛이 투명하고 깨끗한 사람에게 잘 어울린다. 한복의 우아하고 고운 색감이 잘 살아나도록 피부 톤은 평소보다 좀 더 밝고 투명하게 표현하고 전체적으로 은은한 느낌이 들도록 한다. 피부가 어둡거나 잡티가 많은 경우엔 컬러베이스를 이용하여 피부 톤을 밝게 정리해 준 다음 파운데이션을 바른다. 잡티는 컨실러로 커버해 주고 페이스 파우더로 투명하고 화사하게 피부 톤을 정리한다. 특히 한복의 동정선을 따라 드러나는 목 부위에도 소량의 파운데이션과 파우더를 발라 경계가 생기지 않도록 하고, 특히 동정에 화장품이 묻지 않도록 티슈를 이용하여 동정을 감싸주고 브러시로 발라주면 편리하다.

2) Eye brows

눈썹은 결을 살려 빈곳을 채워주면서 자연스러운 아치형으로 그린다. 눈썹색은 머리카락 색상보다 진하지 않은 브라운 계열의 색상을 이용해서 너무 굵거나 또는 너무 얇지 않도록 주의한다.

3) Eye shadow

눈 화장은 자연스럽고 은은하게 표현하는 것이 좋다. 저고리 색과 어우러지는 화사한 색상을 선택해서 전체적으로 통일감을 준다. 눈매에 음영감을 주기 위해 눈꼬리 부분에 짙은 색상으로 포인트 해준다. 처음부터 너무 진하게 바르지 말고 여러 번 덧발라 원하는 색감을 표현한다.

아이라인은 눈의 윤곽이 자연스럽고 또렷하게 보이도록 얇고 선명하게 그려준다. 눈 형태에 따라 그리는 방법이 조금씩 달라지지만, 일반적으로 눈 앞머리에서 중앙 부분까지는 속눈썹을 따라 붙여 그리고, 중앙에서 눈꼬리까지는 눈 모양의 단점을 보완할 수 있도록 그려준다. 눈꼬리가 쳐졌다면 눈이 끝나는 곳으로부터 4~5mm 전부터 눈꼬리를 올려주고, 쳐지지 않았다면 눈이 끝나기 1~2mm 전에서 끝을 살짝 빼준다. 속눈썹은 마스카라로 한 올 한 올 자연스러운 컬을 살려 꼼꼼하게 발라 눈매에 깊이를 준다. 마스카라를 바르기 전, 아이래쉬컬러로 속눈썹을 올리면 눈이 커 보이고 속눈썹이 처지지 않는다. 콤팩트나 파우더를 살짝 발라서 속눈썹의 유분기를 제거한 뒤 마스카라를 발라주거나 아이래쉬 프라이머를 먼저 바르고 마스카라를 발라주어 속눈썹을 더욱 풍성하게 할 수 있다.

4) Blusher

볼 화장은 입체감을 강조하기보다는 우아한 여성스러운 분위기를 연출하는 것이 좋다. 관자놀이 아래쪽에서 자연스러운 반타원 형태가 되도록 가볍고 은은하게 잘 펴 바른다.

5) Lips

얼굴의 전체 이미지를 좌우하는 입술색은 치마나 고름 등의 한복색상과 어우러지게 한다. 한복의 포인트 색상이 흰색이나 핑크색이면 핑크 톤을, 붉은색이나 검정색이면 붉은 톤, 남색이나 보라색은 와인이나 핑크 베이지 톤, 오렌지나 그린 계열은 오렌지 톤을 선택하는 것이 좋다. 입술형태는 깔끔하고 선명한 곡선으로 그려 부드러운 이미지를 살려주고, 여성스러움을 강조하기 위해 펄이나 립글로스를 이용해서 화사한 느낌을 주는 것도 효과적이다. 너무 많은 양을 사용하면 단아한 이미지가 떨어지기 때문에 촉촉함을 주는 정도만 사용한다.

5. 질감(Texture)표현 메이크업

메이크업에서 다양한 질감 표현은 형태, 색채와 더불어 이미지를 결정하는 중요한 요소로서 작용하며 현대 메이크업에서 더욱 관심과 표현이 다양해지고 있다.

메이크업의 질감의 차이에 따라 매트(matt), 모이스춰(moisture), 폴리쉬(polished), 글로시(glossy), 듀이(dewy), 쉬머(shimmer), 메탈릭(metalic) 룩이 있다.

특히 요즘 지속적으로 인기있는 광택나는 질감을 지칭하는 말로는 모이스춰(moisture), 폴리쉬(polished), 쉬머(shimmer), 쉬어(sheer), 샤이니(shiny), 실키(silky), 글로시(glossy), 듀이(dewy), 메탈릭(metalic)이 있는데 모두 유분과 수분, 펄제품의 크기와 혼합정도에 따른 미세한 광택과 윤기, 반짝거림의 정도의 차이를 의미한다.

'매트'는 파우더로 마무리했을 때의 보송보송하고 약간 건조하면서 광택이 없는 석고상 같은 마무리의 질감이며, **'폴리쉬'**는 모이스춰의 촉촉한 윤기와는 또 다른 질감으로서 피부 커버력이 더 표현된 도자기같은 매끄러운 윤기를 표현한다.

'글로시'는 촉촉하고 윤기가 있으나 유분기의 오일광택의 질감이며, **'메탈릭'**은 인위적인 반짝거림을 주는 화려한 광택의 표현으로 굵은 알갱이의 글리터나 인조 보석, 스팽글 등의 큰 입자의 반사광으로 인해 전달되는 강렬하면서 인위적인 광택의 질감이다.

여러 질감 표현 중 글로시 메이크업 테크닉에 대해 설명하면 다음과 같다.

글로시 메이크업은 스포티브, 섹슈얼 이미지를 연출할 때 주로 사용되며 피부표현이 포인트이다.

1) Base

글로시한 피부 표현을 위해 다음과 같은 몇 가지 방법이 있으므로 모델의 피부상태에 따라 응용하여 적용한다.

- 모이스춰라이저와 크림 파운데이션 혼합 사용
- 펄 함유 메이크업 베이스를 사용하고 리퀴드나 크림 파운데이션을 파운데이션 브러쉬로 균일하게 바름.
- 리퀴드 파운데이션 위에 바셀린을 엷게 바름.
- 크림 파운데이션을 바르고 워터가 함유된 글리세린을 스프레이하고 펼침.
- 브론즈 펄 리퀴드와 크림 파운데이션을 혼합 사용

눈 밑에 화이트, 골드, 실버, 아이보리 등의 컬러로 펄크림을 바르면 얼굴에 입체감을 줄 수 있으며, 피부색은 다소 어둡게 표현해야 최대효과를 볼 수 있으므로 모델의 피부톤보다 한 두톤 어둡게 표현한다.

파우더는 브러쉬로 극소량을 바르거나 사용하지 않아도 된다.

2) Eye brows

피부의 유분기로 인해 아이브로우 화장이 밀릴 수 있으므로 눈썹부위에 소량 파우더처리를 하고 모델의 눈썹 형태를 자연스럽게 살려 아이브로우 케이크나 섀도우를 선택하여 터치한다. 눈썹 형태가 처지지 않게, 눈썹색상이 너무 진해서 인위적으로 보이지 않도록 주의한다.

3) Eye shadow

베이지, 브라운, 옅은 핑크, 실버 컬러 등의 크림 섀도우를 잘 펴 바르는데 한 가지 색상으로 그라데이션하여야 세련되고 깔끔해 보인다. 사진 촬영시 강한 표현을 위해서 눈에 립글로스를 살짝 얹어주기도 한다.

4) Blusher

케이크 타입보다는 브라운, 오렌지 계열의 크림타입 블러셔를 선택하여 사용하는 것이 더욱 촉촉한 피부로 표현하는 방법이다.

5) Lips

베이지나 옅은 색상의 립컬러나 립글로스를 사용하며 립라인을 강조하지 않고 촉촉한 입술을 표현한다.

크리스찬 디올 메이크업 광고, 2004

VI

6. 패션 이미지 메이크업

패션은 자기 이미지의 한 표현이다. 스타일을 어떻게 연출하느냐에 따라 그 사람의 이미지가 달라 보일 수 있다. 각 개인이 가지고 있는 고유의 이미지를 무시하고 무조건 유행하는 스타일을 적용하거나 혹은 개인의 취향만을 고집하여 한 가지 스타일만 추구한다면 최상의 이미지 연출은 기대하기 어렵다. 따라서 심리적으로 만족감을 줄 수 있고 변화하는 유행의 흐름을 반영한 패션과 메이크업이 효과적으로 연출될 필요가 있다. 보다 더 멋지고 아름답도록 개성 있는 스타일 연출을 위해서, 패션이미지를 정확히 파악하고 유행의 흐름에 적합한 이미지를 찾아 각 개인에게 적용하는 것은 중요하다. 이를 위해 기본적으로 필요한 8가지 패션이미지와 메이크업 이미지를 살펴보도록 한다.

Romantic image

Elegance image

Classic image

Ethnic image

Avantgarde image

Sporty image

Mannish image

Modern image

1) 로맨틱(Romantic) 룩 메이크업

로맨틱은 프랑스어의 로망(roman)에서 그 어원을 찾아볼 수 있으며, 여성적이며 부드럽고 귀여우며 사랑스러운 이미지이다. 인간의 자유로운 감정을 표현하고자 하는 낭만주의(romanticism)에서 유래하였으며 따뜻하고 이해력이 있으며 낭만적이다. 여성스러운 부드러움과 우아함, 환상적이며 꿈꾸는 듯한, 감미롭고 소녀적인 느낌의 테마로 장식적인 디테일 요소(리본, 프릴, 러플, 셔링)가 강하며 풍성한 꽃무늬를 화사하고 우아한 색상의 파스텔 톤으로 부드럽고 섬세한 배색을 이용하여 연출한다.

로맨틱한 룩은 달콤하고 사랑스러운 이미지를 부각시키기 위해 전반적으로 부드럽고 가벼운 질감을 선택하고 산뜻하고 깨끗하게 색감을 표현한다. 특히 부드럽고 섬세한 여성스러움을 강조하기 위해서는 윤기가 있고 투명한 피부, 살아있는 피부 결을 완성시키는 것이 중요하다. 피부표현은 우유 빛처럼 매끈하고 광택감이 살아있는 느낌으로 표현하고, 색조 메이크업은 싱그러운 파스텔 색조를 사용해 귀엽고 사랑스러운 여성미가 느껴지도록 표현한다. 투명한 색의 비닐처럼 속이 비칠 듯 얇고 매끄러운 질감으로 빛에 반사될 때 입체감과 투명함이 더해지도록 눈과 입술색이 어우러지도록 로맨틱 메이크업을 연출해 준다.

1. **DKNY,** Ready-to-Wear, 2003, Spring
2~4. **D&G,** Ready-to-Wear, 2004, Spring
5. **D&G,** Ready-to-Wear, 2004, Spring
6. **Anna Sui,** Ready-to-Wear, 2004, Spring
7. **Celine,** Ready-to-Wear, 2006, Spring
8. **Anna Sui,** Ready-to-Wear Christian Lacroix, 2008, Spring

VI

2) 엘레강스(Elegance) 룩 메이크업

엘레강스는 '우아한', '기품있는', '고상함' 이라는 사전적 의미로 고상하면서도 성숙한 여성의 아름다움으로 표현되는 우아한 품위를 존중하는 고급스러운 스타일이다. 섬세하고 세련된 분위기의 우아하고 여성스러운 이미지로 퍼플, 레드 계열의 색상과 페일톤, 라이트 그레이쉬 톤이 많이 사용된다.

엘레강스 룩은 온화하고 기품 있는 자태와 부드러운 곡선이 흐르는 우아함, 안개에 싸여 빛이 감도는 것처럼 운치 있는 이미지이다. 숙성된 와인처럼 깊이 있는 컬러와 새틴이나 벨벳처럼 고급스럽고 섬세하게 반짝이는 부드러운 질감으로 완성시키는 깔끔한 메이크업이 특징이다. 부드럽고 차분한 느낌을 주기 위해서 매트한 질감으로 피부표현을 한다. 우아한 분위기를 연출하기 위해서 눈화장은 색의 대비감이 약한 은은한 회색조로 연출하면 더욱 효과적이다. 완숙함이 느껴지고 깊이감 있는 레드퍼플, 퍼플색조나 브라운 핑크를 믹스하여 입술을 표현한다. 특별히 포인트 한곳을 강조하는 것보다 전체적으로 부드럽고 무난하게 하는 것이 좋다.

1. **Calvin Klein,** Ready-to-Wear, 2004, Spring
2. **DKNY,** Ready-to-Wear, 2003, Spring
3. **D&G,** Ready-to-Wear, 2004, Spring
4. **Balenciaga,** Ready-to-Wear, 2006, Spring
5. **Chanel,** Couture, 2008, Spring
6. **DKNY,** Ready-to-Wear, 2003, Spring

3) 매니쉬(Mannish) 룩 메이크업

매니쉬(mannish)는 '남성스러운', '남자 같은'의 사전적 의미로 여성복에 남성적인 요소가 가미된 스타일이다. 여성적인 이미지의 반대되는 이미지로 남녀평등에 입각하여 성의 구별로 벗어나고자 하여 등장하였으며 남성적인 강한 이미지와 골격미를 강조하고 여성적인 도도함을 동시에 표현한다. 블랙을 기본으로 그레이, 다크 네이비, 화이트 등의 무채색의 다크톤으로 연출한다.

매니쉬 룩은 남성적인 감성을 강조한 이미지로 맑고 투명하고 뽀송뽀송한 느낌의 피부표현보다는 피부의 결점은 감추고 조금 어두운 톤으로 건강미가 나타나도록 하고 골격을 강조하고 윤곽을 살려 남성미를 부각시킨다. 색조메이크업에서는 다양한 색상을 사용하기보다는 최대한 색상을 제한해서 사용한다. 특히 눈화장은 검정, 다크그레이, 갈색계열로 스모키메이크업을 해서 남성적인 이미지를 극대화한다. 눈썹은 진하고 약간 굵게 그려서 남성적인 강인함을 표현한다. 입술은 피부색과 비슷한 누드계열을 사용한다.

1~3. **Calvin Klein,** Ready-to-Wear, 2002, Spring
4. **Dries Van Noten - Details,** Ready-to-Wear, 2008, Fall
5. **DKNY,** Ready-to-Wear, 2003, Spring
6. **Versace,** Ready-to-Wear, 2008, Fall
7. **3.1 Phillip Lim,** Ready-to-Wear, 2008, Fall
8. **Vera Wang,** Ready-to-Wear, 2008, Fall

4) 클래식(Classic) 룩 메이크업

클래식은 '전통적', '고전적', '보수적'이란 뜻을 가지고 있으며, 클래식 스타일은 서양의 전통적인 양식으로 기품 있고 고상하며 중후하고 원숙한 이미지를 풍긴다. 주로 유행에 좌우되지 않고 오랫동안 지속되는 의복의 스타일을 의미하며, 전통을 고수하면서 풍요롭고 여유 있는 생활을 원하며 사회적으로 안정적인 계층의 사람들이 선호하는 경향이 있다. 전통적이고 보수적이며 중후한 이미지로 유행에 관계없이 지속성을 가지고 있다. 색상은 베이지, 브라운, 와인, 네이비 계열 등의 고급스럽고 따뜻한 이미지의 딥톤, 다크톤 등으로 연출한다.

클래식 룩은 고전적이면서 전통적인 여성의 대표적인 이미지이다. 그 특징은 흰 피부에 붉은 입술과 발그스름한 볼 화장으로 대별된다. 기품 있고 원숙한 이미지를 완성하기 위해 피부표현은 최대한 밝고 매끈하게 표현하고 색조화장은 깊이감이 있는 어두운 갈색계통을 사용하여 대비감이 강하지 않게 배색한다. 붉은 계열의 립스틱으로 입술화장을 완성한다.

1~4. **Burberry,** Prorsum, 2008, Fall
5~6. **Gucci,** Ready-to-Wear, 2007, Fall
7. Celine, Ready-to-Wear, 2006, Spring

5) 아방가르드(Avant-Garde) 룩 메이크업

아방가르드는 '전위'라는 뜻으로 기존의 개념을 부정하고 전통을 배제하며 언제나 앞서 나가고 새로움을 추구하며 독창적이면서 획기적이다. 기존의 복식 규범을 깨뜨리는 해체주의적 혁명적인 경향을 표현한다. 인공적인 색상과 강한 보색대비가 특징적이다.

아방가르드 룩은 하이테크를 기본으로 진취적이고 새로운 것을 창조하는 개성적인 감각의 이미지이다. 독창적이고 대중성을 무시하면서 유행에 앞선 실험적 요소가 강한 기묘한 메이크업들이 있다. 실험적인 의외성과 고정관념을 탈피하고 기존의 아름다움에 대한 가치보다는 개인의 자유의지와 개성을 중요시함에 따라 얼굴선을 무시한 해체적인 요소들을 적용하는 특징이 있다. 색상선택도 녹색, 빨강, 파랑, 검정등 현란하고 강렬한 색채를 사용하거나 극도로 자제하여 새로운 감각을 표현하며, 질감표현에서도 미래지향적인 소재와 반짝이는 펄감을 사용하여 피부결을 과장하거나 동떨어지게 표현하여 미래주의적, 추상적, 그리고 그로테스크적인 감각을 보이는 것이 특징이다.

1~3. **Christian Dior,** H.Couture, 2004, Fall
4. **Christian Lacroix,** H.Couture, 2008, Fall
5~6. **Christian Dior,** H.Couture, 2006, Spring

7

8

9

10

11

12

7~8. **Christian Dior,** H.Couture, 2002, Fall
9. **Junya Watanabe,** 2008, Fall
10~12. **John Galliano,** Ready-to-Wear, 2008, Fall

6) 에스닉(Ethnic) 룩 메이크업

에스닉(ethnic)은 '민족적인, 이방인의, 인종의' 라는 의미로 에스닉 룩은 원래 세계 여러 나라의 민족 고유의 복장을 의미 하는 말이었으나 에스닉풍 의상이 크게 유행하면서 민족 고유의 복장에서 그 토속적인 분위기나 요소들을 현대적인 감각으로 디자인하여 의상이나 액세서리 등에 도입한 패션경향을 에스닉이라고 한다. 그 중에서 비기독교 문화권의 한국, 중국, 일본 등 아시아의 민족의상에서 영감을 얻는 디자인을 오리엔탈풍이라고 한다. 에스닉에 주로 등장하는 지역은 중근동, 남미, 인도, 아메리카, 동남아시아, 몽골 등이 있다. 오리엔탈리즘, 이그조틱, 트로피컬, 포클로어 분위기의 패션이 포함된다.

다양한 인종간 특성들이 부각되면서 중국풍뿐만 아니라 이집트, 라틴 아메리카, 일본, 인도, 인디언풍 등 특정 지역의 자연환경, 생활풍습, 민속의상, 장신구 등에서 영감을 얻고 특징적인 색상, 문양을 모티브로 전개한다. 동양적인 신비스럽고 강한 색조로 황금색이나 붉은 계열의 강렬한 색상을 눈화장에 표현하고, 눈썹을 진하게 강조하기도 하며 붉은 입술 등으로 이국적인 분위기를 완성시킨다.

동양의 에스닉 메이크업

변형된 현대 에스닉 메이크업

1. **Christian Dior**, Couture, 2009
2. **Christian Lacroix**, Ready-to-Wear, 2008, Spring
3. **Anna Sui**, Ready-to-Wear, 2003, Fall
4~6. **D&G**, Ready-to-Wear, 2004, Spring

7) 모던(Modern) 룩 메이크업

모던은 '현대', '근대적' 이라는 사전적 의미로 진보적인 현대적 이미지이다. 도시적인 세련미와 감성을 표현하고, 냉철하고 합리적이면서 샤프한 세련미를 가진 전문직 종사자들의 패션스타일이다. 디테일한 장식이 배제되어 직선적이고 기능적이며 기하학적인 심플한 스타일이다. 도시적이고 이지적인 이미지의 블랙과 화이트의 모노톤이 주류를 이루며, 차가운 계열의 색상과 미래지향적인 실버 색상이 주로 사용된다.

모던 룩은 현대적이면서도 도회적 감성을 가진 이미지이다. 모던한 이미지 연출을 위해 색조화장은 한색계열과 무채색 위주로 차가운 분위기를 연출하여 도회적 감각을 살린다.

1

2

3

4

5

6

7

8

9

1~4. **Calvin Klein,** Ready-to-Wear, 2004, Spring
5. **Zac Posen,** Ready-to-Wear, 2005, Spring
6. **Celine,** Ready-to-Wear, 2006, Spring
7. **Prada-Details,** Ready-to-Wear, 2008, Fall
8~9. **Ralph Lauren,** Ready-to-Wear, 2008, Fall
사진출처. www.style.com

8) 스포티(Sporty) 룩 메이크업

자유분방하고 생동감 있는 감각으로 유쾌하고 즐거우면서도 활기찬 모습, 활동적인 운동감을 표현하는 스타일이다. 경쾌하고, 생기 있으며 발랄하게 연출하는 것이 포인트로 블루, 레드, 옐로우 등의 밝고 강한 색상의 비비드 톤을 주로 사용하여 스포티함을 강조한다.

캐주얼 룩은 경쾌하고 즐거우면서도 자유롭고 생기있게 연출하는 것이 중요하다. 건강하고 생동감 있게 피부표현을 하고, 색조화장은 따뜻한 색상을 중심으로 밝고 선명한 색상을 사용하여 발랄한 이미지를 연출한다. 색의 대비감이 강한 배색으로 활동적이고 역동적으로 표현할 수도 있지만, 너무 많은 색상을 사용하면 자칫 난잡해 보일 수 있고 오히려 캐주얼한 이미지를 망칠 수 있으므로 2~3가지 색상을 선택하여 젊고 밝은 느낌으로 완성한다. 또한 입술은 경쾌하고 발랄한 느낌으로 표현하기 위해 선명한 색상의 립글로스를 사용한다.

1

2

3

4

5

MAKE UP IDEA MAKE UP IDEA MAKE UP IDEA MAKE UP IDEA MAKE UP IDEA MAKE UP IDEA MAKE UP IDEA MAKE UP IDEA MAKE UP IDEA MA

Ⅶ

미디어 메이크업 (Media Make-up)

미디어 메이크업 (Media Make-up)

미디어의 사전적 의미는 '매체, 수단'이라는 뜻으로서 많은 사회정보와 사상을 전달하는 신문, TV, 라디오, 영화, 잡지 등을 의미한다. 따라서 미디어 메이크업이란 인쇄매체(신문, 잡지, 홍보전단지 등)와 전파매체(TV, 인터넷, 라디오)에서 이루어지는 모든 형태(광고 CF, 카탈로그, 잡지, 화보 등)의 미디어에서 표현되어지는 메이크업을 지칭한다.

미디어 메이크업은 얼굴뿐만 아니라 모든 것이 조화를 이룬 종합예술이라고 말할 수 있으며 각 미디어의 특성에 맞는 메이크업을 하기 위해서는 그 매체와 상황에 맞는 캐릭터를 창출하는 지식과 감각이 요구된다.

1. 광고 메이크업

광고의 종류(미디어의 종류), 목적과 성격을 잘 파악해서 최대한의 제품 이미지를 부각시킬 수 있는 메이크업을 선정하는 것이 중요하다.

1) 지면광고 메이크업

신문광고, 포스트, 카달로그, 잡지, DM, 각종 홍보물 등 주로 사진작업에 의해 이루어지는 광고라 할 수 있다. 영상광고에 비해 지속성이 있고 정지되어 있으므로 더욱 섬세한 메이크업이 요구되며 특히 광고의 이미지에 맞는 의상과 메이크업의 조화가 중요하다.

① Base

장시간 뜨거운 조명아래 촬영해야 하는 점을 감안하여 커버력과 지속력이 우수한 파운데이션을 사용하고 매트한 피부표현을 위해 투명 파우더를 충분히 사용한다. 입체적인 얼굴형을 만들기 위해 하이라이트와 쉐딩을 경계감이 생기지 않도록 그라데이션에 유의한다.

② Eye brow

눈썹은 광고의 이미지에 맞는 형태로 그려주고 헤어컬러와 조화를 이루는 색상으로 표현한다.

③ Eye shadow

모델의 의상 등을 고려하고 광고의 컨셉에 맞추어 색과 형태를 결정한다.

④ Blusher

핑크나 피치, 브라운 등을 사용하여 화사하고 입체감 있게 표현한다.

⑤ Lips

모델의 의상 등을 고려하고 광고의 컨셉에 맞추어 색과 형태를 결정한다.

1

2

3

4

5

6

1. makeupforever
2. bbskorea
3. clio
4. bbskorea
5. bbskorea
6. amorepacific.co.kr/prcenter/ad/adgallery.jsp

2) 영상매체 메이크업

영상매체의 종류로는 영화, 드라마, CF, 방송 프로그램 등이 해당된다. 영상매체에서 쓰이는 카메라의 조명은 지면매체와 차이가 있으므로 카메라와 조명의 기본상식과 색채, 용어 등 기본지식을 이해해야 한다. 개인의 창조적인 메이크업보다는 각 구성원들의 공동 작업이 요구되므로 특히 연출자의 의견에 충실해야하며 자신의 충분한 경험과 훈련이 요구된다.

① Base

TV 조명에서 피부 톤은 붉어 보이는 경향이 많기 때문에 파운데이션은 붉은 기운이 없는 것으로 사용하여 얇고 깨끗한 피부로 완벽하게 표현한다. 이때 의상 색과 카메라의 위치 등 재현색까지 고려하여 전체적인 조화를 생각한다. 투명파우더를 충분히 사용하여 피부의 유분기를 제거하여 번들거리지 않게 한다. 하이라이트는 베이스보다 명도가 3~4도 밝게 하고 쉐딩은 3~6도 정도 어둡게 한다. 그 차이가 크면 클수록 그라데이션을 잘해야 한다.

② Eye brow

너무 얇거나 강하지 않은 자연스러운 모양으로 그린 후 헤어의 색과 맞추어 섀도타입, 크림타입, 투명마스카라로 마무리한다.

③ Eye shadow

차가운 색상보다는 따뜻한 색상이 잘 어울리고 펄이 들어간 섀도보다는 매트한 섀도가 무난하다.

④ Blusher

너무 짙은 갈색은 피하고 자연스러운 색으로 음영을 준다.

⑤ Lips

강렬한 빨간색은 피하고 부드러운 색으로 표현한다.

2. 패션쇼 메이크업

패션쇼는 패션, 모델, 의상, 음악, 조명, 메이크업, 헤어 등 여러 전문분야가 필요한 복합예술로써 메이크업이 주가 아니라 의상이 주가 된다. 따라서 패션 쇼 메이크업은 디자이너의 의상 컨셉(concept)을 정확히 파악해야 하며 의상 색, 의상스타일, 무대높이, 관객과의 거리, 조명, 기획사, 헤어스타일등 꼼꼼히 점검해서 조화를 이루어야 한다.

① Base

관객과의 거리감을 고려하여 파운데이션의 톤을 결정하는 것이 좋다. 얼굴중앙은 밝게 표현하고 가장자리로 갈수록 어둡게 명암을 주어 입체감을 살려 준다. 리퀴드 타입 보다는 크림 타입이 지속성이 좋다.

② Eye brow

일반적으로는 회갈색이나 회색계열의 펜슬이나 섀도로 선명하고 깔끔하게 표현하는 것이 좋고 디자이너의 의도에 따라 다양하게 표현할 수 있다.

③ Eye shadow

의상 색과 맞추거나 보색으로 강한 대비효과를 줄 수도 있으며 레이스, 깃털, 천조각, 망사, 큐빅 등 다양한 오브제를 통한 과감한 연출을 하기도 한다.

Chanel, Ready-to-Wear-Details, 2008, Spring

④ Blusher

얼굴에 입체감을 살리기 위해 광대뼈 주위는 진하게 하고 광대뼈 위는 밝은 색상으로 칠해주고 글리터나 펄 파우더를 이용하여 화려함을 연출하기도 한다. 색상은 주로 핑크, 피치, 브라운색상을 사용하지만 컨셉에 따라 차갑고 강한 색상을 사용하기도 한다.

⑤ Lips

일반적으로는 의상과 아이섀도 컬러와 조화되는 컬러로 표현하고 글로시 타입, 펄 타입, 매트타입 등 다양한 질감을 살려 표현할 수 있다. 디자이너의 컨셉에 따라 블루색상 같은 차갑고 창백한 컬러로 입술표현을 하기도 한다.

3. 드라마 메이크업

드라마에 있어서 가장 중요한 요소는 대본을 충분히 이해하여 캐릭터를 분석하는 일이다. 드라마 메이크업은 단순히 연기자의 아름다움만을 추구하기 보다는 작품 속에 설정된 극중 인물의 성격을 잘 나타내 줄 수 있도록 해야 한다. 따라서 작품 속 인물의 연령, 직업, 성격, 환경, 시대적 배경 등을 생각해야 하며 사극이나 시대물의 경우에는 특수 분장이 요구되기도 한다. 특히 한 번에 촬영하지 않고 한시적이며 단발적이라는 드라마의 특성을 염두에 두고 S#과 S#사이의 메이크업이 자연스럽게 연결되도록 주의해야 한다. 특히 디지털시대 개막과 함께 선명한 화질로 인해 출연자의 작은 결점까지도 생생하게 시청자에게 전달되므로 좀 더 세심하고 자연스러운 화장기법이 요구된다.

① Base

붉은 기가 돌지 않는 HD용 미세한 리퀴드파운데이션과 컨실러를 이용하여 잡티 없이 얇고 깨끗한 피부를 표현하고 HD용 투명파우더를 이용하여 유분기를 없애 도자기 같이 매끈하게 표현한다.

② Eye brow

크림타입의 Eye brow를 이용하여 선명하고 자연스러운 눈썹을 표현한다. 이때 헤어컬러와 조화를 이루게 한다.

③ Eye shadow

붉은 기가 돌지 않는 자연스러운 베이지와 브라운 섀도로 자연스럽게 표현한다. 펜슬아이라이너로 윗 속눈썹의 사이를 메워 눈매를 또렷하게 표현한다. 마스카라를 뭉치지 않게 발라주어 풍성한 눈매를 연출한다.

④ Blusher

짙은 갈색은 피하고 가벼운 브라운이나 피치색으로 음영을 준다.

⑤ Lips

누드베이지나 피치, 베이지 핑크 등 자연스러운 색상으로 표현 한다.

KBS 1 드라마 「너는 내운명」

KBS 2 드라마 「태양의 여자」

4. 영화 메이크업

1) 스트레이트 메이크업 (Straight Make-up)

스트레이트 메이크업은 아나운서, 뉴스캐스터, TV리포터, MC, TV 대담프로의 출연자, 영화에서 캐릭터가 없는 일반 배역자들이 필요로 하는 메이크업이다. 따라서 출연자의 성격이나 개성을 강조하기보다는 소식을 전달하는 역할자로서 또한 화면에 최대한 건강하고 깨끗하게 보이도록 하는 일반인의 이미지로서 많은 색과 선을 피하여 시청자의 눈을 자극하지 않도록 하며 단정하고 지적인 분위기의 메이크업이 좋다. TV화면에서는 차가운 색 보다는 따뜻한 적색, 오렌지, 갈색, 황갈색 등이 더 잘 어울린다.

(1) 여성 아나운서 메이크업

펄이나 반짝이를 과다하게 사용하거나 지나치게 화려한 색상의 섀도우나 자극이 강한 색의 립스틱은 피하고 깔끔하고 단정한 느낌의 메이크업으로 뉴스의 신뢰감을 주는 것이 좋다. 또한 액세서리로 인해 빛이 강하게 흔들릴 수 있는 장신구와 지나치게 화려한 무늬와 컬러의 의상은 피하도록 한다.

① Base

모델의 피부 톤보다 밝은 톤으로 하고 컨실러를 사용하여 잡티나 흉터를 커버하여 깨끗한 피부표현을 한다. 강한 조명으로 인해 얼굴이 평면으로 보이지 않도록 하이라이트와 쉐이딩으로 자연스럽게 그라데이션 하여 입체감을 준다. 피부가 번들거리지 않게 투명파우더로 매트하게 마무리한다.

② Eye brow

짙은 검정색은 피하고 갈색이나 회색 섀도우를 사용하여 자연스럽게 그려준다.

③ Eye shadow

갈색, 오렌지, 베이지, 피치, 겨자, 아이보리색 등 차분한 색을 선택하여 자연스럽게 표현하고 과다한 펄이 함유된 제품은 피하는 것이 좋다. 아이라이너는 펜슬이나 케이크 타입으로 윗 속눈썹 사이를 메우듯이 그려주고 검정이나 밤색의 마스카라로 뭉치지 않게 칠해준다.

④ Blusher

오렌지, 피치, 옅은 갈색으로 자연스럽게 혈색이 느껴지도록 연출한다.

⑤ Lips

입술 선을 자연스럽게 정리한 후 중간 톤의 차분한 컬러의 립스틱을 사용하여 입술 외곽과 가장자리까지 깨끗하게 마무리한다. 너무 글로시한 제품은 피하는 것이 좋다.

(2) 남성 아나운서 메이크업

남성 아나운서의 경우는 많은 색조화장이 필요하지 않지만 화면을 통해 화장을 한 흔적이 보이지 않도록 세심한 피부표현과 컬러선택에 주의하며 자연스럽고 균일한 피부톤으로 보여지도록 해야 한다.

① Base

메이크업 베이스는 자연스런 핑크나 베이지를 사용하고 피부톤 보다 1~2단계 어두운 리퀴드 파운데이션으로 한다. 면도는 한 시간 전에 하여 푸르스름한 수염자국이 나타나는 것을 방지하고 컨실러를 사용함으로써 피부의 잡티를 커버하여 깨끗한 피부표현을 한다. 푸른 수염자국이 유난히 진한 사람은 붉은 파운데이션으로 푸른 기운을 줄인다. 투명파우더로 매트하게 마무리하고 쉐이딩으로 얼굴의 윤곽을 수정한다.

② Eye brow

모델의 눈썹형태를 살려 결대로 빗어준 다음 회갈색을 이용하여 터치한다. 모델의 눈썹이 부분적으로 빈곳은 펜슬로 메워준다.

③ Eye shadow

살색, 아이보리, 갈색 섀도우를 사용하여 자연스럽게 발라주고 검정색이나 브라운 아이라인을 속눈썹을 메우듯이 그린 후 뭉치지 않게 펴준다. 속눈썹에 묻은 파우더 여분을 털어내고 아이래쉬 컬러로 속눈썹을 컬링한 후 투명 마스카라를 발라준다.

④ Blusher

자연스런 이미지 연출을 위해 옅은 베이지 컬러를 사용하여 코끝이나 입술 끝을 향해 직선으로 한다.

⑤ Lips

모델의 입술형태를 그대로 유지하고 입술에 묻은 여분의 파운데이션을 제거한 후 립글로스로 마무리한다. 모델의 입술윤곽이 흐리고 분명하지 않다면 갈색 립 펜슬로 입술 선을 스트레이트 형으로 그린 후 입술안쪽으로 펴준 다음 옅은 글로스 정도로 마무리 한다.

엄기영 아나운서, 스포츠조선

2) 캐릭터 메이크업

캐릭터 메이크업은 단순히 아름다움만을 추구하기 보다는 전달하고자 하는 작품의 성격과 작품 속에 설정된 극중 인물의 성격을 잘 나타내 줄 수 있게 배우의 모습을 변화시키는 성격분장이다. 전문적인 테크닉이 필요하며 사극이나 시대물의 경우에는 특수 분장이 요구되기도 하는데 완벽한 작품을 위해서는 극 중 인물의 개성, 성격, 나이, 건강 상태 등이 실제 분장 전에 충분히 파악되어야 한다.

다음은 드라마에서 마담역할의 메이크업을 설명하였다.

손에 잡히는 뉴스, 눈에 보이는 뉴스(www.newsen.com)

CBS 노컷뉴스(www.nocutnews.co.kr), MBC 일일 드라마 '춘자네 경사났네'에서 마담 황춘자로 변신한 탤런트 고두심(MBC제공)

① Base

뽀얗고 창백한 피부를 표현하기 위해 모델의 피부 톤보다 두 단계정도 밝은 파운데이션으로 다소 두껍게 바른다. 백색의 분으로 매트하게 마무리 한다. 입술주위에 코울 펜슬을 이용하여 애교점을 찍어 요염하고 섹시하게 연출한다.

② Eye brow

눈썹은 검정이나 회갈색을 이용하여 또렷하게 그린다.

③ Eye shadow

천연색의 비비드한 연두와 노랑, 초록 등의 과감한 색조를 사용하여 화려하고 입체적인 눈화장을 한다. 검정색의 아이라이너를 사용하여 눈 꼬리를 진하고 굵게 치켜 올려 그린다.

④ Blusher

블러셔는 거의 생략하여 피부를 더욱 창백하게 보이게 하거나 짙은 핑크를 사용하여 볼 앞쪽이나 광대뼈 사선으로 강하게 표현한다.

⑤ Lips

입술윤곽을 또렷이 그린 후 선명한 주홍이나 빨강의 립스틱으로 진하게 바른다.

5. 포토 메이크업 (Photograph Make up)

사진 메이크업을 할 때에는 사진의 주제나 의도를 파악하는 것이 첫 번째 과제이며 사진이라는 매체를 충분히 이해해야 한다. 일반인들의 경우 증명사진이나 가족들을 위한 이벤트 사진일수도 있으며 지면광고에 사용되는 광고메이크업일 수도 있다. 이렇듯 사진의 의도와 목적을 잘 파악하여 최대한 자연스러우면서도 효과적인 메이크업 이미지를 결정한다. 특히 조명과 메이크업의 조화를 생각해야 한다.

1) 흑백사진 메이크업

흑백사진 메이크업은 흑과 백의 대비표현이 중요하며 명암을 잘 표현할 수 있는 메이크업 색상은 흰색, 회색, 검정색이다. 흑백사진에서 컬러의 의미는 존재하지 않으며 명도에 의해서만 메이크업이 표현되어지는 점을 고려해야 한다. 밝은 청색계열의 색, 노랑, 핑크색은 희게, 붉은 계통(다크레드, 와인 등)은 검게 나타나므로 사용하고자 하는 색이 흑백사진에서 어느 정도로 변화되는지를 고려해야 한다. 펄이나 글리터는 자칫 얼룩져 보일 수 있으므로 주의하여 사용한다. 또한 핑크와 보라색은 칙칙한 색으로 표현되는 경우가 많아서 립이나 아이섀도우 색으로 적절하지 않다.

① Base

깨끗한 피부표현을 위해 컨실러를 사용하여 잡티를 커버하고 파운데이션은 피부 톤보다 1~2단계 더 밝게 표현한다. 쉐딩이 필요한 경우 너무 짙은 색을 피해서 바르고 하이라이트는 흰색에 가까운 것을 사용한다. 투명파우더를 사용하여 유분기를 제거한다.

② Eye brow

광고의 컨셉에 따라 결정되며 다크그레이 색상의 섀도로 깨끗하게 표현한다.

③ Eye shadow

밝은 색 눈 화장을 할 경우 노랑, 주황, 녹색을 이용하고 진한 눈 화장은 갈색, 진녹색, 검정으로 표현한다. 아이라이너는 검은색의 펜슬이나 케이크 타입으로 선명하고 깔끔하게 그리고 검정색 마스카라와 인조속눈썹을 붙여 깊이 있는 눈매를 표현한다.

④ Blusher

브라운 계열을 사용하여 윤곽을 수정하듯 광대뼈 밑에 사선으로 발라 선적인 느낌을 주거나 은은하게 음영처리하여 표현할 수도 있다.

⑤ Lips

립 라이너를 이용하여 입술의 윤곽을 뚜렷이 그린 후 다크브라운 또는 흑장미색 등 선명하게 표현 될 수 있는 짙은 계열의 립스틱을 바른 후 입술 중앙에는 스타파우더를 발라 입체감을 준다. 혹은 중간회색으로 표현되기를 의도한다면 미디움브라운, 핑크브라운 컬러를 사용한다.

2) 컬러사진 메이크업

컬러사진에서는 의상과 메이크업, 헤어, 액세서리까지의 조화를 생각해야 하고 색상뿐만 아니라 명도나 채도까지 고려해서 메이크업을 해야 한다. 컬러필름에는 작은 결점 하나도 포착되므로 세심한 주의가 필요하다. 또한 강한 스트라이트로 인해 땀과 유분이 많아져서 모델의 피부가 번들거릴 수 있으므로 파우더 처리에 유의한다.

① Base

피부톤은 모델과 동일하거나 한톤 정도 어둡게 표현하며 커버력과 지속력이 강한 스틱타입의 파운데이션이나 팬케이크 타입을 사용하고 컨실러로 잡티를 완벽하게 커버한다. 하이라이트와 쉐이딩을 하여 얼굴에 입체감을 주고 투명파우더로 매트하게 표현한다.

② Eye brow

얼굴형에 맞는 형태를 결정하고 회갈색으로 선명하고 섬세하게 연출한다.

③ Eye shadow

일반적으로 아이섀도우는 의상색이나 머리 색상에 맞추어 선택하지만 보색대비를 사용하여 강한 대비효과와 세련된 느낌을 표현할 수 있으며 그라데이션을 세심하게 한다. 펜슬이나 케이크 타입의 검정색 아이라이너를 그린 후 뭉치지 않게 펴주고 인조속눈썹을 붙여 깊이 있는 눈매를 연출한다.

④ Blusher

모델의 얼굴형과 피부 톤, 메이크업의 컬러에 따라 화사하고 부드러운 입체감을 살려준다.

⑤ Lips

번짐이 적은 립 라이너로 입술형태를 정리한 후 립스틱을 바른다. 이때 유분기가 너무 많은 립스틱이나 글로스는 피하는 것이 좋다. 립코트를 덧발라 립스틱의 지속력을 높인다.

참고문헌

마뀌아쥬 예술, 한명숙, 청구문화사, 2007
메이크업 디자인(Make-up Design), 양진희외 4인, 광문사, 2005
메이크업 & 스타일 100년사, Beauty &Health 연구회, 현문사, 2000
메이크업 아이콘(Makeup Icon), 권구정 외 5인, 청구문화사, 2006
메이크업과 패션, 김희숙외 1인, 수문사, 1996
미용미학과 미용문화사, 전선정 외, 청구문화사, 2001
복식문화, 유송옥 외, 교문사, 1998
뷰티 메이크업, 노효경외 2인, 훈민사, 2006
뷰티컬러코디네이트, 권태신 외 6명, 청구문화사, 2004
서양복식문화사, 정흥숙, 교문사, 2007
세계패션사, J.앤더슨 블랙, 매쥐 가랜드 저 /윤길순옮김, 간디서원, 2005
이경민 뷰티 메이크업, 이경민, 김영사, 2001
20세기 화장문화사, 김지희 외 2인, 경춘사, 2006
입술화장의 형태에 관한 연구, 이윤정, 한국인체예술학회지, 3(2), 2002
조선시대 풍속화, 국립중앙박물관 한국박물관회, 2002
토털 메이크업, 김영희 외 6인, 정문각, 2001
패션의 역사 I II, 막스폰뵌 저/천미수옮김, 한길아트, 1998
한국여성의 색조화장, 김영인, 국제, 2004
함께 알아보는 패션 그리고 뷰티 이야기, 조오순외, 경춘사, 2005
현대패션 1900-2000, 현대패션1'00년 편찬위원회, 고문사, 2003
韓國化粧文化史, 전완길, 열화당, 1999
20,000 Years of Fashion, Francois Boucher, Harry N. Abrams, Inc., 1987
60s fashion, Ed. Jim Heimann, Taschen, 2007
Decorated Skin, Karl Groning, Thames & Hudson, 1997
Face Forward, Kevyn Aucoin, Little Brown and Company, 1990
Fashion, Akiko Fukai, Taschen, 2000
Icons of fashion(20c), Gerda Buxbaum, Prestel, 1999
Stick Art Experience, Corinne Perez, Home Editions, S.L., 2006
The Art of Makeup, Kevyn Aucoin, Harper Collins, 1996
The Face is a Canvas, Irene Corey, Anchorage Press, 1990
Make up Forever, Dior, Bobbi Brown, Mac, Guerlain, Clio, Clinique, Ben Nye, 태평양 광고지
Italia Vogue
Vogue Korea
www.style.com

찾아보기

1900년대 / 34
1910년대 / 36
1920년대 / 38
1930년대 / 40
1940년대 / 42
1950년대 / 44
1960년대 / 46
1970년대 / 48
1980년대 / 50
1990년대 / 52
19세기 / 32
2000년대 / 53

[ㄱ]

가로분할 / 105
각진 눈썹 / 98
갈색 / 94
개화기 / 20
검정 / 70
경상돌기 / 63
계란형 / 86, 118
고구려 / 15
고대 그리스 시대 / 23
고대 로마 시대 / 23
고대 이집트 시대 / 22
고려시대 / 17
고조선시대 / 14
골격 / 62
관골 / 63
관골궁 / 63
관골돌기 / 63
관상봉합 / 63
광고 메이크업 / 164
구각이 처진 입술 / 114
귀여운 이미지 / 117, 130
그라데이션 / 72
그라데이션 배색 / 72
그레타 가르보 / 41
그린 계열 / 93
글로시 / 82, 142
기본형 눈썹 그리기 / 95
기초 메이크업 / 90
긴 눈썹 / 98
긴형 / 86, 96, 118
깁슨 걸 스타일 / 34, 35

[ㄴ]

난색계 / 71
남색 / 70
남성 아나운서 메이크업 / 170
내추럴 / 122
내추럴 메이크업 / 122
노랑 / 70
노우즈 메이크업 / 110
농장 / 14
누골 / 63
눈과 눈 사이가 가까운 눈 / 104
눈과 눈 사이가 먼 눈 / 103
눈두덩이 나온 눈 / 102
눈썹 정리용 커터 / 58
눈썹과 눈사이가 넓은 눈썹 / 98
눈썹과 눈사이가 좁은 눈썹 / 98
눈썹과 눈썹사이가 넓은 눈썹 / 98
눈썹과 눈썹사이가 좁은 눈썹 / 98
눈썹형태 만들기 / 94
눈이 커보이는 속눈썹형 / 109
뉴룩 / 42

[ㄷ]

다이아몬드형 / 86, 96, 118
담장 / 14
대익 / 63
동양풍 메이크업 / 35
동일배색 / 72
두정골 / 63
두터운 입술 / 114
둥근 형 / 86, 96, 118
듀이 / 82
드라마 메이크업 / 168
디스코 걸 스타일 / 51
뜨왈렛뜨 / 8

[ㄹ]

라텍스 스펀지 / 58
로맨틱 / 146
로맨틱 룩 메이크업 / 146
로맨틱한 룩 / 146
로즈버드 립 커브 / 113
로코코 / 31
로코코 시대 / 31
로코코 양식 / 31
롱래쉬 마스카라 / 108
르네상스 시대 / 27
리차드 크라슈 / 8
리퀴드 마스카라 / 108
리퀴드 타입 / 91, 106
립 메이크업 / 111
립글로스 / 111
립라이너 / 111
립브러쉬 / 56
립스틱 / 111
립크림 / 111

[ㅁ]

마꿔아쥬 / 8
마돈나 스타일 / 51
마스카라 / 108
마스카라 메이크업 / 108
매니쉬 / 150
매니쉬 룩 / 150
매트 / 82, 142
메이크업 / 8
메이크업 베이스 / 90
메탈릭 / 82, 142
면봉 / 59
명도 / 66, 68
모던 / 158
모던 룩 / 158
모이스춰 / 82
무채색 / 66, 71
문신 / 10
미간 / 63
미디어 / 164
미디어 메이크업 / 164
미륵하생경변상도 / 17
미욕 / 14
미적 욕구 / 9
밀리터리 룩 / 42

[ㅂ]

바로크 시대 / 29
반대색 / 67
방수 마스카라 / 108

배색 / 72
백열등 / 74
백제 / 16
버슬스타일 / 34
베이비 붐 / 46
베이스 / 79
베이스 컬러 / 100
보라 / 70
보색배색 / 72
보정용 마스카라 / 108
보호설 / 10
볼륨 마스카라 / 108
부은 눈 / 106
분대 화장 / 17
붓펜타입 / 106
블러셔 / 115
블러셔용 브러쉬 / 56
비강 / 63
비골 / 63
비중격 / 63
비취곡옥유리목걸이 / 16
빨강 / 70

[ㅅ]

사각형 / 86, 96, 118
사골 / 63
사선 눈썹 브러쉬 / 56
사선분할 / 105
살롱문화 / 31
삼국시대 / 15
상승형 / 98
상악골 / 63
상안와열 / 63
상흔 / 10
색상 / 66, 67
샤프타입 / 94
섀도우 컬러 / 100
섀도우타입 / 94
서골 / 63
서양 / 22
성당 / 138
세로분할 / 105
세퍼레이션배색 / 73
섹시 이미지 / 134
소프트 퐁파두르 / 32
손톱다듬기 / 17
수분 함유 리퀴드 타입 / 90
수산리 고분벽화 / 15
수정 가위 / 58
수평형 / 98
순색 / 68
쉐이딩 / 79
쉬머 / 82
스크루 브러쉬 / 56
스트레이트 메이크업 / 169
스틱 타입 / 91
스파출라 / 59
스펀지 / 58
스포티 / 160
스포티 룩 메이크업 / 160
신라 / 16
신랑 메이크업 / 136
신부 메이크업 / 130
신분표시설 / 11
실내 웨딩홀 / 138
심는 속눈썹형 / 109
쌍꺼풀 눈 / 106
쌍꺼풀이 없는 눈 / 104
쌍영총 고분벽화 / 15

[ㅇ]

아르누보 양식 / 36
아르데코양식 / 36
아방가르드 / 154
아방가르드 룩 / 154
아방가르드 룩 메이크업 / 154
아웃 커브 / 113
아이 메이크업 / 94
아이 브로우 메이크업 / 94
아이라이너 / 106
아이라인 / 124
아이라인 메이크업 / 106
아이라인 브러쉬 / 56
아이래쉬 컬러 / 59
아이브로우 콤 브러쉬 / 56
아이섀도우 / 100
아이섀도우 메이크업 / 100
아이섀도우 브러쉬 / 56
아치형 눈썹 / 98
안와상공 / 63
안와상연 / 63
안와하공 / 63
알맞은 눈 / 102
액센트 컬러 / 100
액센트배색 / 73
야외 예식장 / 138
야용 / 14
얇은 입술 / 114
언더 컬러 / 100
에스닉 룩 메이크업 / 156
에스닉/ 156
에콜로지 패션 / 53
엘레강스 / 148
엘레강스 룩 / 148
엘레강스 룩 메이크업 / 148
여성 아나운서 메이크업 / 169
여성적인 이미지 / 117
역삼각형 / 86, 96, 118
연두 / 70
연보라 / 90
연지 / 15
연필타입 / 94
연핑크 / 90
염장 / 14
영 패션 / 48
영상매체 메이크업 / 166
옅은 그린 / 90
옅은 블루 / 90
오렌지 / 90
오렌지 계열 / 93
오일 베이스드 / 91
오일 프리 / 91
올라간 눈 / 103, 106
외이공 / 63
우아한 이미지 / 132
움푹 들어간 눈 / 103, 106
워터 베이스드 / 91
원색 / 68
웨딩 메이크업 / 130
웰빙 / 53
윗 입술이 두꺼운 경우 / 114
유니섹스 모드 / 50
유사배색 / 72
유사색 / 67
유양돌기 / 63
유채색 / 66
응장 / 14
이상형 입술 / 112
이성유인설 / 10
이융기 / 63
인 커브 / 113
인상봉합 / 63
인조 속눈썹 / 109
입술 / 111
입술 화장 / 111

[ㅈ]

자연스런 속눈썹형 / 109
자주 / 70
작은 눈 / 102, 106

작은 입술 / 114
장식설 / 9
전두골 / 63
전비극 / 63
접형골 / 63
조선시대 / 18
족집게 / 17, 58
종교설 / 11
주황 / 70
중 · 하비갑개 / 63
중성색 / 71
지면광고 메이크업 / 164
지적인 이미지 / 117
직선 커브 / 113
직선형 / 98
진 할로우 / 41
진출 / 71
질감 표현 메이크업 / 142
짙은 눈썹 / 98
짝 눈 / 104
짧은 눈썹 / 98

[ㅊ]

채도 / 66, 68
채화칠협 / 14
처진 눈 / 103, 106
처진 눈썹 / 98
청록 / 70
초록 / 70
측두골 / 62, 63
측두골의 관골돌기 / 63
측두와 / 63
치조돌기 / 63
치크 메이크업 / 115
침착 / 71

[ㅋ]

캐릭터 메이크업 / 171
캐주얼 룩 / 160
컨실러 / 91
컨실러 브러쉬 / 56
컨투어링 / 79
컬러 파우더 / 93
컬러사진 메이크업 / 173
케이크 마스카라 / 108
케이크 타입 / 106, 100, 115
콤팩트 파우더 / 93
크고 둥근 눈 / 106
크림 타입 / 91, 100, 115
큰 눈 / 102
큰 입술 / 114
클래식 / 152
클래식 룩 / 152
클래식 룩 메이크업 / 152

[ㅌ]

턱 / 63
토기합 / 16
토일렛 / 8
톤 / 69
톤 온 톤배색 / 73
통일 신라 / 16
투명 마스카라 / 108
투명 파우더 / 93
투명메이크업 / 53
트렌디 / 134
티슈 페이퍼 / 59

[ㅍ]

파랑 / 70
파렛트 / 59
파우더 파운데이션 / 91
파우더 퍼프 / 58
파운데이션 / 91
파운데이션 브러쉬 / 56
파티 메이크업 / 126
패션 / 144
패션 이미지 메이크업 / 144
패션쇼 / 167
패션쇼 메이크업 / 167
팬 브러쉬 / 56
팬 케이크 타입 / 91
퍼스널 컬러 / 75
퍼스널 컬러 시스템 / 75
퍼플 계열 / 93
펄 파우더 / 93
펄 함유 리퀴드 타입 / 90
페이스 브러쉬 / 56
페이스 파우더 / 93
페인트 / 8
페인팅 / 8
펜슬 타입 / 106, 110
포스트모더니즘 / 50
포토 메이크업 / 172
폴 푸아레 / 36
폴리쉬 / 82, 142
표준형 눈썹 / 98
핑크 계열 / 93

[ㅎ]

하악각 / 63
하악골 / 63
하악골의 관절돌기 / 63
하이라이트 / 79
하이라이트 컬러 / 100
한복 메이크업 / 140
한색계 / 71
합성 스펀지 / 58
해면 스펀지 / 58
현대 / 21
형광등 / 74
홀로그래픽 수트 / 53
홑꺼풀 눈 / 106
화살형 / 98
화장솜 / 59
화장품 / 8
활동적인 이미지 / 117
회색 / 70, 94
후두골 / 63
후퇴 / 71
흐리고 가는 눈썹 / 98
흑백사진 메이크업 / 172
흑색 / 94
흥분 / 71
흰색 / 70, 90
힙합 패션 / 53

INDEX

[A]

Accent / 73
Accent Color / 100
Alveolar process / 63
Angle brush / 56
Angle of mandible / 63
Ant. nasal spine / 63
Avant-Garde / 154
Art Deco / 36
Autumn / 77

[B]

Baroque / 29
Base / 79, 124, 128
Base Color / 100
Base Make-up / 90
Bassie Barriscale / 35
BG / 70
Bk / 70
Blush brush / 56
blusher / 115, 124, 128
Bride Make-up / 130

[C]

Cake Mascara / 108
Cake type / 115
Cheek Make-up / 115
Chroma / 68
Classic / 152
Clear Mascara / 108
complex sponge / 58
Concealer brush / 56
Condyloid process of mandible / 63
contouring / 79
Coronal suture / 63
cosmetics / 8
cosmos / 8
Cream type / 91, 115
Cute Image / 130
Cutter / 58
Deep / 69
dewy / 82

[D]

Diamond Face / 86, 96, 118

[E]

Elegance / 148
Elegant Image / 132
Ethmoid / 63
Ethnic/ 156
Ext. auditory foramen / 63
Eye brows / 124, 128
Eye Make-up / 94
Eye shadow / 124, 128
Eyebrow comb brush / 56
Eyebrows Make-up / 94
Eyelash Curler / 59
Eyeline brush / 56
Eyeline Make-up / 106
Eyeshadow brush / 56
Eye-Shadow Make-up / 100

[F]

Face brush / 56
Face Powder / 93
False Eyelashes / 109
Fan brush / 56
foundation / 91
Foundation brush / 56
Frontal / 63

[G]

Genu / 63
Gibson girl / 35
Glabella / 63
glossy / 82, 142
Gradation / 72
Grayish / 69
greater wing / 63
Greta Garbo / 41
Gy / 70

[H]

highlight / 79
Highlight Color / 100
Hue / 67

[I]

In curve / 113
Infraorbital foramen / 63
Inverted Triangular Face / 86, 96, 118

[J]

Jean Harlow / 41

[K]

kosmetikos / 8
kosmos / 8

[L]

Lacrimal / 63
Lambdoid suture / 63
latex sponge / 58
Lightness / 68
Lip brush / 56
Lip Cream / 111
Lip Gloss / 111
Lip Liner / 111
Lip Make-up / 111
Lip Stick / 111
Lips / 124, 128
Liquid Mascara / 108
Liquid Type / 91
Long-lash Mascara / 108

[M]

make-up / 8
Make-up Base / 90
Mandible / 63
Mannish / 150
maquillage / 8
Mascara Make-up / 108
Mastoid process / 63
matt / 82, 142
Maxilla / 63
Mental foramen / 63
Mental protuberance / 63
metalic / 82, 142
Mid. and inf. nasal conchae / 63

military look / 42
Modern / 158
moisture / 82

[N]

Nasal / 63
Nasal cavity / 63
Nasal septum / 63
natural / 122
Natural Make-up / 122
new look / 42
Nose Make-up / 110

[O]

Oblong Face / 86, 96, 118
Ocipital / 63
oil based / 91
oil free / 91
Out curve / 113
Oval Face / 86, 118

[P]

paint / 8
painting / 8
Pale / 69
Palette / 59
Pan Cake Type / 91
Parietal / 63
Party Make-up / 126
Paul Poiret / 36
PB / 70
Photograph Make up / 172
polished / 82, 142
Powder Foundation Type / 91
Powder Puff / 58

[R]

Richard Crashou / 8
Rococo / 31
Romantic / 146
Rosebud lip curve / 113
Round Face / 86, 96, 118
RP / 70

[S]

S-커브 실루엣 / 34
Saturation / 68
scarring / 10
Screw brush / 56
sea sponge / 58
Separation / 73
Sexy Image / 134
shading / 79
Shadow Color / 100
shimmer / 82
soft pompadour / 32
Spartular / 59
Sphenoid / 63
Sponge / 58
Sporty / 160
Spring / 75
Squamous suture / 63
Square Face / 86, 96, 118
Stick Type / 91
Straight curve / 113
Straight Make-up / 169
Styloid process / 63
Summer / 76
Sup. orbital fissure / 63
Supraorbital foramen / 63
Supraorbital margin / 63

[T]

tattooing / 10
Temporal / 62, 63
Temporal fossa / 63
Temporal process of zygomatic / 63
toilet / 8
toilette / 8
Tone / 69
Tone in Tone / 73
Tone on Tone / 73
Trendy Image / 134
Tweezer / 58

[U]

Under Color / 100
Under the Lash / 108

[V]

Value / 68
Vivid / 68, 69
Volume Mascara / 108
Vomer / 63

[W]

water based / 91
Waterproof Mascara / 108
Wedding Make-up / 130
Well-being / 53
Wh / 70
Winter / 78

[Y]

YR / 70

[Z]

Zygomatic / 63
Zygomatic arch / 63
Zygomatic process of temporal / 63

저자 소개

이윤정

서울여자대학교 대학원 이학박사(패션산업 전공)
現 춘해보건대학 피부미용디자인과 교수

정원정

경희대학교 대학원 이학박사(의상학 전공)
現 창원전문대학 피부미용과 교수

강명주

성신여자대학교 대학원 이학박사(의류학 전공)
現 명지전문대학 뷰티아트과 교수

MAKE UP IDEA

2009년 1월 10일 초판인쇄
2009년 1월 20일 초판발행

지은이 : 이윤정, 정원정, 강명주
펴낸이 : 이상태
디자인 : 이헌숙
펴낸곳 : 청구문화사
주　소 : (120-831)서울특별시 서대문구 연희 1동 436-1번지
전　화 : 02-332-0541(代)　FAX : 02-337-9577
등　록 : 1990년 11월 2일 제9-247호

가격 30,000원

ISBN 978-89-5616-284-3 93590